Akupunkt Meridian Massage

&

Traditionelle Chinesische Medizin

am Pferd

Christian Winter

BACOPA VERLAG

4521 Schiedlberg / Austria, Waidern 42
e-mail: office@bacopa.at, verlag@bacopa.at
www.bacopa.at

Graphik: truxa.grafik.design
Printed in European Union

ISBN: 9783903071766

1. Auflage, 2021

Inhalt

Einleitung

Die Chinesische Medizin umfasst die heilkundliche Theorie und Praxis von der vormedizinischen Heilkunde des 1. Jahrtausends v. Chr. bis zur heutigen Medizin in China und in der Tradition chinesischer Heilkunde ausgeübter Heilverfahren weltweit.

Als **traditionelle chinesische Medizin, TCM** oder **chinesische Medizin** (chinesisch 中醫 / 中医, Pinyin *zhōngyī* – „chinesische Medizin") wird jene Heilkunde bezeichnet, die sich in China seit mehr als 2000 Jahren entwickelt hat.

Der Begriff *zhōngyī* (中醫 / 中医) ist sowohl mit chinesische Medizin als auch *TCM-Arzt* übersetzbar. Die im Westen gebräuchliche Bezeichnung traditionelle chinesische Medizin, also TCM, ist im sprachlichen Gebrauch in China unüblich.

Zu den therapeutischen Verfahren der chinesischen Medizin zählen vor allem die Chinesische Arzneimitteltherapie und die Akupunktur sowie die Moxibustion (Erwärmung von Akupunkturpunkten). Zusammen mit Massagetechniken wie Tuina mit Bewegungsübungen wie Qigong und Taijiquan und mit einer am Wirkprofil der Arzneien ausgerichteten Diätetik werden die Verfahren heute gerne als die *fünf Säulen* der chinesischen Therapie bezeichnet. Die TCM ist die traditionelle Medizin mit dem größten Verbreitungsgebiet, besonders die Akupunktur wird heute weltweit praktiziert.

Aus der Kombination von Akupunktur und der Massage von Meridianen ergibt sich die hier in dem Buch beschriebene Akupunkt Meridian Massage (AMM).

Akupunkt Meridian Massage (AMM) am Pferd verhilft dem Pferd zu mehr Wohlbefinden und Fitness. Durch sanfte Massage der Akupunkturpunkte und der Meridiane wird das energetische Gleichgewicht wieder hergestellt. Dadurch lösen sich Verspannungen, Bewegungs- und Verhaltensprobleme. AMM am Pferd kann auch als Begleittherapie bei medizinischen Behandlungen eingesetzt werden.

Die Akupunkt Meridian Massage am Pferd beruht auf den Grundprinzipien der traditionellen chinesischen Medizin, dem Prinzip von Yin und Yang, dem Qi und den verschiedenen Modellen wie zum Beispiel dem Shan Han Lun (Kälte bedingte Erkrankungen, dem sechs Schichten Modell).

Die Akupunkt Meridian Massage am Pferd ist leicht zu erlernen und die Anwendung zeigt sofortige Wirkung. In meiner Zeit wo ich fast täglich mit Rennpferden im Galopp- als auch Trabrennsport zu tun hatte und mich für diese Therapieform entschied, staunte ich oft selbst was mit AMM am Pferd alles möglich ist.

Yin und Yang

Yang	**Yin**
Feuer	Wasser
heiß	kalt
rastlos, unruhig	ruhig
trocken	feucht
hart	weich
Erregung	Hemmung
schnell	langsam
nicht substantiell	substantiell
Transformation	Bewahrung, Speicherung

Das Prinzip von Yin und Yang entspringt einem Denkmodell der Gegensätze mit ergänzenden Eigenschaften. Es enthält außerdem im Yin den Keim des Yang und umgekehrt. Die erste Erwähnung von Yin und Yang befindet sich im „Buch der Wandlung" dem Yi Jing das cirka 700 v. Chr. geschrieben wurde.

In seiner dünnen Form ist Yang reine Energie, Yin hingegen in seiner dichten Form Materie.

Die wichtigsten Punkte dieser Wechselbeziehung:

- Wenn sie auch für gegensätzliche Stadien stehen, bilden Yin und Yang eine Einheit und ergänzen sich.
- Yang enthält den Keim für Yin und umgekehrt, wie man dies am Zeichen, dem Tai Ji, oder Monade sehen kann.
- Nichts ist nur Yin oder nur Yang und Yang wechselt in Yin und umgekehrt.

Man kann sagen, dass die chinesische Medizin – TCM – ihre Physiologie, Pathologie, Diagnoseverfahren und Behandlungsmethoden auf die Theorie von Yin und Yang zurückgeführt werden kann. Alle physiologischen Vorgänge, jedes Symptom, jedes Krankheitszeichen kann aus der Sicht Yin und Yang untersucht werden. In der Akupunkt Meridian Massage wie auch in der TCM zielen alle Behandlungen auf eine der vier Möglichkeiten ab. Das Yang stärken, das Yin stärken, Fülle im Yang abbauen und Fülle im Yin abbauen.

Nach diesem Prinzip von Yin und Yang ist also Yang der Qi – Anteil und Yin – der substanzielle Anteil. Durch Ungleichgewichte im freien Qi-Fluss im Yang Anteil entstehen Störungen die dann nach einiger Zeit die Substanzielle Ebene das Yin erreichen und einen Krankheitsnamen bekommen.

Nach den Vorstellungen der Chinesen wird der Körper entlang bestimmter Leitbahnen von dem sogenannten Qi durchflossen. Das Konzept des Qi beschreibt eine Materielle und gleichzeitig nicht Materielle Lebensenergie. Qi und die Meridiane können mit Naturwissenschaftlichen Methoden nicht eindeutig dargestellt werden. Es sind Denkmodelle. Studien im Westen zeigen, das Akupunktur bei der Behandlung von chronischen Schmerzen bessere Resultate erzielt als herkömmliche Therapien.

Diese Energie „Qi" fließt in sogenannten Leitbahnen, den Meridianen. Je nach Lokalisation werden sie in Yin – Meridiane oder Yang – Meridiane eingeteilt. Am Rücken befinden sich die Yang – Meridiane, bauchseitig die Yin Meridiane.

Die Yang - Meridiane beginnen an den Vorderbeinen und laufen Richtung Kopf, dann weiter über den Rücken in die Hinterbeine.

Die Yin – Meridiane beginnen an den Hinterbeinen, laufen über den Bauch und enden in den Vorderbeinen.

Qi – 氣 – Die Substanz des Lebens

Das gesamte Qi im Körper wird als „Wahres-Qi" *(zhen qi)* bezeichnet bevor es mit einer bestimmten Funktion in Verbindung gebracht wird.

Es gibt drei Quellen für dieses „Wahre-Qi" *(zhen qi)*. Die erste Quelle ist das „Ursprungs-Qi" *(yuan qi)*, das von den Eltern an die Nachkommen übertragen wird. Man kann es als die geerbte Konstitution verstehen. Es wird in den Nieren gespeichert.

Die zweite Quelle ist das „Nahrungs-Qi" *(gu qi)*, das durch die Verdauung entsteht.

Die dritte Quelle ist das „Luft-Qi" *(kong qi)*, das in der Lunge gewonnen wird. Diese drei Formen von Qi verbinden und vermischen sich und werden zu dem „Wahren-Qi" *(zhen qi)*, welches dann überall im Körper existiert.

Die verschiedenen Funktionen des Qi

Das „Wahre-Qi" *(zhen qi)* kann dann in verschiedene Qi Formen unterteilt werden mit unterschiedlichen Funktionen. Es gibt fünf Hauptfunktionen dieses Qi welches für die Gesundheit und die Veränderungen im Körper verantwortlich sind.

Qi für die körperliche Aktivität
Das Qi ist notwendig für alle körperlichen Bewegungen wie Gehen, für automatische Bewegungen wie Atmen und der Herzschlag, für geistige Aktivität wie das Denken, für die Entwicklung und das Wachstum.

Qi als Immunsystem
Wenn genügend Qi an der Oberfläche ist, schützt es vor dem eindringen äußerer pathogener Einflüsse wie Wind-Kälte oder Wind-Hitze Krankheiten (Viren, Bakterien)

Qi für Transformation
Nahrung wird in andere Stoffe umgewandelt wie Blut, Qi, Schweiß und Tränen. Diese Vorgänge hängen von der umwandelnden Funktion des Qi ab.

Qi für die Bewahrung der Körpersubstanzen
Qi hält die Organe an ihrem Platz, das Blut in den Gefäßen, es reguliert die Körperflüssigkeiten wie Schweiß und Speichel.

Qi wärmt den Körper
Es sorgt für die normale und konstante Temperatur im Körper.

Die verschiedene Formen von Qi

Organ-Qi (zang fu zhi qi)
Jedes Organ hat sein eigenes Qi. Die Aufgabe dieses Qi ist von dem zugeordneten Organ geprägt. Wenn man von Herz-Qi oder Lungen-Qi spricht, ist das Qi das selbe aber die Aufgabe ist eine andere, da bekanntlich Herz und Lunge auf verschiedene Weise funktionieren.

Nahrungs-Qi (ying qi)
Dieses Qi ist am engsten mit dem Blut verbunden. Es manifestiert sich im Blut und bewegt sich mit Blut in seinen Bahnen.

Abwehr-Qi (wei qi)
Abwehr-Qi blockiert das eindringen äußerer pathogener Einflüsse in den Körper. Dieses Qi hat die stärksten Yang Eigenschaften und fließt zwischen der Haut und den Muskeln. Es reguliert die Schweißdrüsen, die Poren und schützt Haut und Haare.

Atmungs-qi (zong qi)
Das Atmungs-Qi befindet sich im Brustkorb. Seine Funktion ist die Steuerung für eine rhythmische Bewegung der Atmung und des Herzes.

Pathologie des Qi
Sie kann sich auf vier Arten manifestieren:

Qi-Mangel (qi xu)
Das Qi kann aus verschiedenen Gründen nicht ausreichend vorhanden sein und in einer seiner fünf Funktionen nicht richtig arbeiten. Ist der Qi-Mangel im ganzen Körper, können Symptome wie Bewegungsunlust auftreten. Ist dieser Qi-Mangel in einem Organ kann dieses Organ nicht mehr richtig funktionieren. Bei einem Muster mangelndes Nieren-Qi können die Nieren möglicherweise den Wasserhaushalt nicht mehr richtig regulieren und es kommt zu Ödemen. Bei einem Mangel an Abwehr-Qi kann es zu spontanen Schweißausbrüchen kommen.

Absinken des Qi (qi xian)
Bei einem extremen Qi-Mangel kann es auch absinken und Organe und Substanzen nicht mehr an ihrem Platz halten. Das führt dann zu Organsenkungen und einen Mangel an Tatendrang.

Stagnation des Qi (qi zhi)
Die normale Qi Bewegung ist blockiert, es fließt nicht mehr auf geordnete Weise durch den Körper. Diese Stagnation in den Meridianen ist meistens die Ursache für Schmerzen im Körper. Betrifft es Organe, wie stagnierendes Qi in der Lunge kommt es zu Atembeschwerden oder in der Leber führt es zu Schwellungen im Brustbereich.

Rebellierendes Qi (qi ni)

Diese besondere Form der Stagnation des Qi führt dazu das es in die falsche Richtung fließt. Wenn das Magen-Qi rebelliert, also in die falsche Richtung fließt kann es eine Kolik auslösen.

Blut *(xue)*

Die Definition Blut entspricht nicht genau der westlichen Vorstellung. Es ist schon die rote Flüssigkeit, aber seine Funktionen entsprechen nicht der westlichen Medizin. Die Aufgabe des Blutes besteht in der Zirkulation im Körper, der Nährung und Erhaltung seiner verschiedenen Teile. In der chinesischen Medizin ist die Funktion wichtiger als der genaue Lageplan der Blutgefäße. Das Blut gehört zum Yin Anteil im Körper.

Das Blut bildet sich bei der Umwandlung von Nahrung. Die Verdauung gleicht einem Kochprozess. Wenn im Topf dem Magen die Suppe kocht entsteht Dampf den der Abzug die Milz dann zur Lunge transportiert. Während dieser Aufwärtsbewegung beginnt das Nahrungs-Qi diese Essenz mithilfe der Luft in Blut zu verwandeln. Diese Kombination bildet dann das Blut das danach vom Herz-Qi und Atmungs-Qi durch den Körper fließt.

Die Organe Herz, Leber und Milz haben eine besondere Beziehung zum Blut. Das Herz sorgt für einen harmonischen und gleichmäßigen Fluss des Blutes. „Herz regiert das Blut". Da der Körper in Ruhe weniger Blut benötigt, wird das Blut von der Leber kontrolliert. „Die Leber speichert das Blut".

Die Beziehung der Milz ist das sie das Blut leitet. Blut und Qi sind so verschieden aber in einer wechselseitigen Beziehung. Qi bewegt das Blut und hält es in den Gefäßen. Das Blut nährt wieder die Qi produzierenden Organe, dies zeigt das Verhältnis von Yin – Blut und Yang – Qi.

Disharmonien werden in zwei Kategorien unterteilt, in Blutmangel (xue xu) und Blut Stau (xue yu). Blutmangel zeigt sich in trockener Haut und Benommenheit, Blut Stau in Tumoren, Zysten und Organschwellungen. Bei einem Blut Stau ist meistens die Leber betroffen.

Jing

Jing wird mit Essenz übersetzt, die Substanz die alles am Leben hält. Das Jing hat zwei Quellen die als seine charakteristischen Aspekte zu sehen sind. Die erste Quelle ist das Vorgeburtliche Jing, das von den Eltern geerbt wird. Es bestimmt den Aufbau und die Konstitution des Lebewesens.

Die Zweite Quelle ist das Nachgeburtliche Jing und wird aus der Nahrung gewonnen. Es fügt dem Vorgeburtlichen Jing immer neue Lebenskraft zu.

Jing ist die Substanz die den Körper mit der Möglichkeit der Entwicklung von der Empfängnis bis zum Tod erfüllt.

Jing Disharmonien können zu unzureichender Entwicklung und Fortpflanzungsunfähigkeit führen.

Säfte *(jin ye)*

Die Säfte sind alle Flüssigkeiten im Körper wie Schweiß, Speichel, Verdauungssäfte und Urin, außer dem Blut. Der Ausdruck *jin* steht für die leichten und klaren Säfte, der Ausdruck *ye* auf die schweren und dickflüssigen Säfte.

Die Funktion der Säfte ist die Haut, Schleimhäute, Muskeln, Gelenke, inneren Organe, Mark und Gehirn zu befeuchten.

Die Säfte werden aus der Nahrung gewonnen und vom Qi der Nieren reguliert. Als Flüssigkeit gehören die Säfte zu den Yin Substanzen.

Säftemangel wird von Trockenheit begleitet und verursacht zum Beispiel trockene Haut oder Augen.

Diese Grundsubstanzen des Körpers bilden die Grundlage der traditionellen chinesischen Medizin.

Die Meridiane

Die Geschichte der Meridiane geht von der Theorie aus, dass die Empfindungen während der Massage und durch Meditation und Qi Gong zur Entdeckung der Meridianverläufe führte.

Die Funktion der Meridiane ist der Transport von Qi und Blut durch das komplexe Netzwerk zu allen Teilen des Körpers. Alle Organe und Gewebe werden durch das Qi und Blut, das durch die Meridiane fließt, genährt, mit Energie versorgt und gewärmt. Die Yin- und Yang Organe *(zangfu)* sind wiederum durch Zwischenverbindungen der Meridiane miteinander verbunden. Zum Beispiel entspringt der Lungen-Meridian im Magen und verläuft durch den Dickdarm und das Zwerchfell, während der Herz-Meridian sich mit dem Dünndarm und der Lunge verbindet.

Da ihr Ursprung in der Tiefe ist und dann an die Oberfläche ziehen, verbinden die Meridiane das Innere mit dem Äußeren. Die Meridiane verlaufen beidseitig und verbinden durch die Meridiane, die Verbindungsgefäße *(luo)* und die tendo-muskulären-Meridiane (TMM) sowie sechs außerordentlichen Gefäße oben mit unten. Die verschiedenen Meridiane verlaufen in unterschiedliche Tiefen im Körper. Dadurch versorgen sie alle Schichten im Körper mit Energie und schützen vor dem Eindringen von äußeren pathogenen Einflüssen.

Oberflächliche Schicht

- Haut
- Tendo-muskuläre-Meridiane
- Verbindungsgefäße/ Luo-Gefäße
- Hauptmeridiane
- Außerordentliche Gefäße
- Innere Verläufe der Hauptmeridiane

Tiefste Schicht

In der traditionellen chinesischen Medizin (TCM) gelten Wind, Kälte, Feuchtigkeit, Hitze und Trockenheit zu den wichtigen Verursachern von Krankheiten. Sind diese pathogenen Einflüsse sehr stark oder das Immunsystem schwach, können sie den Körper angreifen und in tiefe Schichten wie die Yin- und Yang-Organe *(zangfu)* und Gelenke eindringen. Wenn zum Beispiel Wind-Kälte in die tendo-muskulären-Meridiane eindringt führt das zu lokalen Stagnation von Qi und Blut. Mit Akupunkt-Meridian-Massage kann man diese Stagnation beseitigen.

Die Zwölf tendo-muskulären-Meridiane (TMM)

Die tendo-muskulären-Meridiane zeigen Störungen der Haupt-Meridiane an.

- Sie zirkulieren an Oberfläche
- Sind mit dem Haupt-Meridian verbunden und haben seinen Namen
- Entspringen alle an den Extremitäten
- Sie folgen dem Verlauf des Haupt-Meridians und sie breiter
- Sie verlaufen oberflächlich und versorgen die Muskeln und Sehnen mit Energie

Die TMM können durch traumatische Verletzungen oder durch das Eindringen äußerer pathogener Faktoren verletzt werden. Aber sie zeigen auch Störungen der Haupt-Meridiane an. Es gibt keine spezifischen Punkte, welche die TMM behandeln aber man kann sie durch oberflächliche Therapien wie mit Akupunkt-Meridian-Massage behandeln.

Die sechzehn Verbindungsleitbahnen/ *Luo*-Gefäße

Es gibt sechzehn Verbindungsleitbahnen, welche von den zwölf Haupt-Meridianen, zwei außerordentlichen Gefäßen, der großen Milz-Verbindungsleitbahn und der großen Magen- Verbindungsleitbahn an den *Luo*-Punkten entspringen und sich über die Körperoberfläche verteilen.

Die *Luo*-Gefäße verbinden die innen außen gekoppelten Meridiane (z. B. Lunge – Dickdarm) und den Yin- und Yang-Organen *zangfu*.

- Lunge: von Lu 7 *lieque* verläuft das *Luo*-Gefäß zum Huf und zum Sporn **(tastet man mit den Fingerspitzen den Fesselbehang, fühlt man einen hornigen Teil: Den Sporn. Der Sporn ist wie die Kastanie der letzte Rest einer verkümmerten Zehe.)**
- Dickdarm: von Di 6 *pianli* verläuft das *Luo*-Gefäß zum Kiefer, den Zähnen und zum Ohr.
- Magen: von Ma 40 *fenglong* verläuft das *Luo*-Gefäß zum Nacken, Kopf und Hals.
- Milz: von Mi 4 *gongsun* verläuft das *Luo*-Gefäß zum Abdomen zum Magen und zu den Därmen.
- Herz: von He 5 *tongli* verläuft das *Luo*-Gefäß entlang dem Herz-Meridian zum Herzen, zum Zungengrund und zum Auge.
- Dünndarm: von Dü 7 *zhizheng* verläuft das *Luo*-Gefäß zur Schulter.
- Blase: von Bl 58 *feiyang* verläuft das *Luo*-Gefäß zum Nieren Meridian.
- Niere: von Ni 4 *dazhong* verläuft das *Luo*-Gefäß entlang des Nieren-Meridians zum Perineum und zu den Lumbalwirbeln.
- Kreislauf/ Sexus: von KS 6 *neiguan* verläuft das *Luo*-Gefäß zum Perikard und zum Herzen.
- Dreifach Erwärmer/ *San Jiao*: von SJ 5 *weiguan* verläuft des *Luo*-Gefäß zum Thorax und verbindet sich mit dem Kreislauf/ Sexus Meridian.
- Galle: von G 37 *guangming* verläuft das *Luo*-Gefäß zum Huf.
- Leber: von Le 5 *ligou* verläuft das *Luo*-Gefäß zu den Genitalien.

- Konzeptionsgefäß/ *Ren Mai:* von Ren 15 *jiuwei* verteilt sich das *Luo*-Gefäß über das Abdomen.
- Gouverneurgefäß/ *Du Mai:* von Du 1 *changqiang* verläuft das *Luo*-Gefäß entlang der Seiten der Wirbelsäule zum Schädeldach. Im Bereich der Schulterblätter verbindet sie sich mit dem Blasen-Meridian und durchdringt die Wirbelsäule.
- Das große Milz-*Luo*-Gefäß: von Mi 21 *dabao* verläuft das *Luo*-Gefäß durch den Thorax und die laterale Rippenregion.
- Das große Magen-*Lou*-Gefäß verbindet sich mit der Lunge.

Quelle: Handbuch Akupunktur von Peter Deadman

Die 12 Haupt-Meridiane

Es gibt 12 Haupt-Meridiane die beidseitig und symmetrisch verlaufen. Jeder Meridian verbindet sich innerlich mit einem Yin- oder Yang-Organ *(zangfu)*. Man teilt die 12 Meridiane in 6 Yin Meridiane und 6 Yang Meridiane.

Die 3 Yin Meridiane vom Vorderbein, Lunge, Kreislauf/ Sexus (Perikard) und Herz beginnen am Thorax und verlaufen entlang des Vorderbeins innen zum Huf.

Die 3 Yang Meridiane vom Vorderbein, Dickdarm, Dreifacher Erwärmer *(San Jiao)* und Dünndarm beginnen am Huf und verlaufen entlang des Vorderbeins außen zum Kopf. Die 3 Yang Meridiane des Hinterbeines, Magen, Galle und Blase beginnen am Kopf um das Auge und ziehen am Körper entlang zum Hinterbein außen und zum Huf.

Die 3 Yin Meridiane des Hinterbeines, Milz, Leber und Niere beginnen am Huf und verlaufen an der Innenseite des Hinterbeins zur Brust oder zur Flanke.

Der Verlauf jedes Meridians beinhaltet einen inneren und einen äußeren Verlauf. Jeder Meridian beginnt in einem inneren Verlauf und kommt bei seinem Anfangspunkt an die Oberfläche. Zum Beispiel der Lungen Meridian entspringt im Bereich des Magens, verläuft abwärts, um sich mit dem Dickdarm zu verbinden. Danach läuft er wieder hoch, zieht durch das Zwerchfell und dringt in die Lunge ein, steigt dann zur Halsregion auf, verläuft schräg abwärts und kommt bei Lu 1 im Brustbereich an die Oberfläche. Die oberflächlichen Verläufe der zwölf Meridiane beschreiben drei vollständige Kreisläufe im Körper.

Erster Umlauf:	Lunge	Dickdarm	Magen	Milz
Zweiter Umlauf:	Herz	Dünndarm	Blase	Niere
Dritter Umlauf:	Perikard	San Jiao	Galle	Leber

Die nun folgende Einteilung und Reihenfolge der Meridiane entspricht bereits der ersten Behandlungsmöglichkeit mit Akupunkt-Meridian-Massage am Pferd die sogenannte Zweiteilung, die ich dann bei den Behandlungsmöglichkeiten genauer erklären werde.

Die sechs YIN-Meridiane

Milz/ Pankreas-Meridian

Funktionen

Sie herrscht über Umwandlung und Transport von flüssigen und festen Bestandteilen der Nahrung, nachdem sie vom Magen verdaut wurden. Sie spielt daher eine wichtige Funktion im Verdauungsprozess, der Produktion von Qi und Blut, der Funktion der Därme und dem ordnungsgemäßen Ausscheiden von Flüssigkeiten.

Sie kontrolliert das Blut, macht die erste Stufe seiner Bildung, hält es in den Blutgefäßen und verhindert Blutungen.

Sie kontrolliert die Muskeln und die 4 Extremitäten, indem sie sie mit Energie und Substanz versorgt.

Sie öffnet sich im Mund und beherrscht den Geschmacksinn.
Sie kontrolliert das „Aufsteigende Qi" um ein absinken und einer Organsenkung entgegenzuwirken.

Energetische Verbindung:

Die Milz ist mit dem Magen über die Organuhr gekoppelt.
Die Milz ist mit der Lunge über das Sechs Schichten Modell 4. Schicht – Tai Yin verbunden.
Die Milz ist mit dem Herz über die Mutter – Sohn Regel verbunden.
Die Milz ist mit dem San Jiao / 3E durch die Opposition (Mittag – Mitternacht) nach der Organuhr verbunden.

Tendo-Muskulären-Meridiane (TMM):

Durch die Behandlung des Milz-Meridians werden folgende Störungen in den TMM behoben:

- Steifheit an der Innenseite Fesselgelenk
- Schmerzen an der medialen Tibiakante und am ventralen Knie, Innenseite des Oberschenkels bis zur Leiste
- Schmerzen des Nabels und der Lende
- Geraderichtung
- Aufgeben von Ängstlichkeit

Verlauf des Milz – Pankreas Meridian

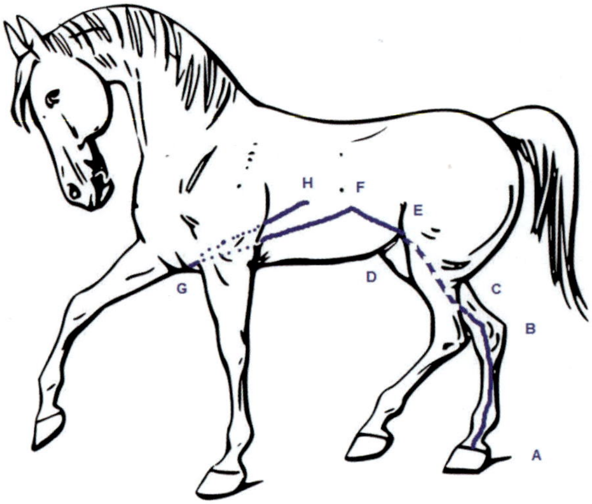

A – Kronsaum innen, Mitte
B – Röhrbein, Übergang Schaft – Kopf unter dem Sprunggelenk
C – 1 Handbreite über der Oberkante Sprunggelenk, Hinterrand des Schienbeins
D – Beininnenseite hinter der Kniescheibe
E – Spannhaut innen – Spannhaut außen
F – 16. Rippenspitze
G – Verlängerung der vorderen Beinlinie auf dem Brustmuskel, 4 QF neben der Körpermitte
H – 6. ICR (Verlängerung der Linie Widerrist – Verlängerung der Linie Unterkante Buggelenk)

Lungen-Meridian

Funktionen

Sie herrscht über das Qi und die Atmung
Sie kontrolliert Verteilen und Absteigen
Sie reguliert die Wasserwege
Sie kontrolliert Haut und Fell
Sie öffnet sich in der Nase

Energetische Verbindung:

Die Lunge ist mit dem Dickdarm über die Organuhr gekoppelt.
Die Lunge ist mit der Milz über das Sechs Schichten Modell 4. Schicht – Tai Yin verbunden.
Die Lunge ist mit der Leber über die Mutter – Sohn Regel verbunden.

Die Lunge ist mit der Blase durch die Opposition (Mittag – Mitternacht) nach der Organuhr verbunden.

Tendo-Muskulären-Meridiane (TMM):
Durch die Behandlung des Lungen-Meridians werden folgende Störungen in den TMM behoben:
Schmerzen und Verspannungen im Verlauf des Meridians
Die Schulter ist schmerzhaft und kann nicht gehoben werden
Taktsicherheit
Geraderichtung der Vorhand
Auflösung von spontanem Ungehorsam

Verlauf des Lungen Meridian

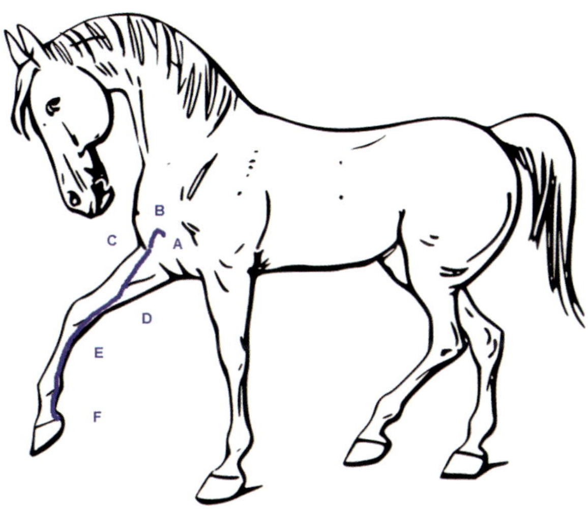

A – Oberkante Brustbein, 2 QF lateral (von der Mitte weg, seitwärts)
B – In der Septe des oberflächlichen Brustmuskels
C – lateral der Sehne Lacertus fibrosus am Übergang Rumpf/ Bein
D – Beininnenseite vor der Kastanie
E – 2 QF vor der hinteren Beinmitte
F – Innere Ballenecke

Nieren-Meridian

Funktionen
Sie speichert Essenz und kontrolliert die Geburt, Wachstum, Fortpflanzung und Entwicklung
Sie produziert das Mark, füllt das Gehirn und kontrolliert die Knochen

Sie regiert das Wasser
Sie kontrolliert das Empfangen des Qi
Sie öffnet sich in den Ohren
Sie manifestiert sich im Haar (Mähne und Schweif)
Sie kontrolliert die beiden unteren Öffnungen (Anus und Urethra)
Sie beherbergt die Willenskraft

Energetische Verbindung:
Die Niere ist mit der Blase über die Organuhr gekoppelt.
Die Niere ist mit dem Herz über das Sechs Schichten Modell 5. Schicht – Shao Yin verbunden.
Die Niere ist mit der Dickdarm durch die Opposition (Mittag – Mitternacht) nach der Organuhr verbunden.

Tendo-Muskulären-Meridiane (TMM):
Durch die Behandlung des Nieren-Meridians werden folgende Störungen in den TMM behoben:
Verspannungen der Muskulatur im Meridianverlauf
Losgelassenheit in der Hinterhand
Verbesserung der Anlehnung an den Zügel
Ängstlichkeit verschwindet

Verlauf des Nieren Meridian

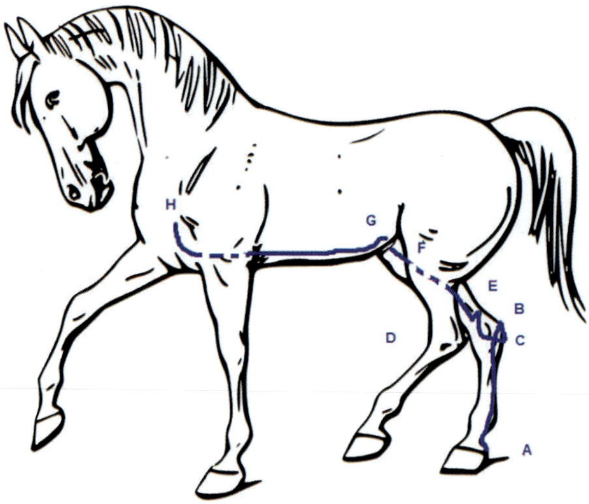

A – Hinterbein, Kronsaum über dem Strahl
B – Oberkante Fersenbein
C – Unterkante Fersenbein
D – größte Vertiefung mitten im Sprunggelenk
E – 1 Handbreite über der Oberkante des Sprunggelenks am Vorderrand der Achillessehne – 2 QF Richtung vordere Beinmitte
F – Kniegelenksspalt – Beininnenseite
G – 1 Handbreite neben der Körpermitte hinter dem Schlauch bzw. Euter
H – Oberkante Brustbein, 1 Handbreite neben der Körpermitte

Herz-Meridian

Funktionen
Es regiert das Blut und die Blutgefäße
Es manifestiert sich im Gesicht
Es beherbergt den Geist
Es öffnet sich in der Zunge
Es kontrolliert das Schwitzen

Energetische Verbindung:
Das Herz ist mit dem Dickdarm über die Organuhr gekoppelt.
Das Herz ist mit der Niere über das Sechs Schichten Modell 5. Schicht – Shao Yin verbunden.
Das Herz ist mit der Milz/ Pankreas über die Mutter – Sohn Regel verbunden.
Das Herz ist mit der Galle durch die Opposition (Mittag – Mitternacht) nach der Organuhr verbunden.

Tendo-Muskulären-Meridiane (TMM):
Durch die Behandlung des Herz-Meridians werden folgende Störungen in den TMM behoben:
Verkrampfungen und Schmerzen in der Brust
Verspannungen und Schmerz am Epicondylus medialis sowie im gesamten Meridianverlauf
Eine geschmeidige freie Bewegung und beherztes Vorwärtstreten

Verlauf des Herz Meridian

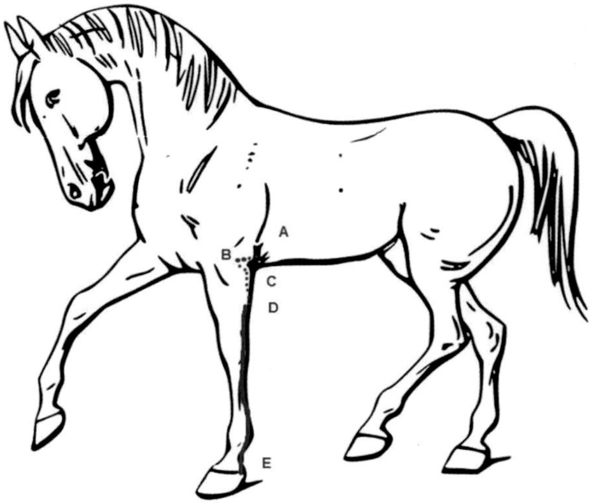

A – hinter dem Ellenbogenhöcker am Rumpf
B – Beininnenseite im hinteren Drittel Übergang Rumpf/ Bein
C – Beininnenseite 2 QF neben der hinteren Mittellinie am Ellenbogenhöcker
D – 4 QF oberhalb der Kastanie Beinaußenseite, 1 QF neben der hinteren Mittellinie
E – äußere Ballenecke

Leber-Meridian

Funktionen
Sie speichert das Blut
Sie gewährleistet den geschmeidigen Qi-Fluss
Sie kontrolliert die Sehnen (Blut-Anteil)
Sie manifestiert sich in den Hufen
Sie öffnet sich in den Augen

Energetische Verbindung:
Die Leber ist mit der Galle über die Organuhr gekoppelt.
Die Leber ist mit dem Kreislauf/ Sexus (Perikard) über das Sechs Schichten Modell 6. Schicht – Jue Yin verbunden.
Die Leber ist mit der Lunge über die Mutter – Sohn Regel verbunden.
Das Leber ist mit dem Dünndarm durch die Opposition (Mittag – Mitternacht) nach der Organuhr verbunden.

Tendo-Muskulären-Meridiane (TMM):
Durch die Behandlung des Leber-Meridians werden folgende Störungen in den TMM behoben:

Verspannungen und Schmerzen im Verlauf des Meridians
Sexualstörungen bei Hengsten
passive Mitarbeit und Gewichtsaufnahme des Hinterfußes
emotionale Kampfhaltung

Verlauf des Leber Meridian

A – Hinterbein – Innenseite, Kronsaum 1 QF neben der vorderen Mitte
B – Mitte Sprunggelenk, vorderes Beindrittel in einer Vertiefung
C – Schienbeininnenseite, 1 Handbreite über der Oberkante Sprunggelenk im vorderen Beindrittel
D – Beininnenseite, 1 QF vor dem Kniegelenksspalt
E – Außenseite Spannhaut
F – Mitte der Flanke
G – 17. Rippenspitze
H – 6. ICR, 1 Handbreite oberhalb der Dampfrinne

Kreislauf/ Sexus-Meridian (Perikard)

Funktionen
Das Perikard steht in enger Beziehung zum Herzen. Traditionell wird es als äußere Hülle des Herzens gesehen, die es vor Angriffen äußerer pathogener Faktoren schützen soll.

Energetische Verbindung:
Der Kreislauf/ Sexus (Perikard) ist mit dem Dreifachen Erwärmer *(San Jiao)* über die Organuhr gekoppelt.

Der Kreislauf/ Sexus (Perikard) ist mit der Leber über das Sechs Schichten Modell 6. Schicht – Jue Yin verbunden.
Der Kreislauf/ Sexus (Perikard) ist mit dem Magen durch die Opposition (Mittag – Mitternacht) nach der Organuhr verbunden.

Tendino-Muskulären-Meridiane (TMM):
Durch die Behandlung des Leber-Meridians werden folgende Störungen in den TMM behoben:
Schmerzen in der Brust
Schmerzen und Verspannungen im Verlauf des Meridians
ausgeglichene und ruhige Bewegung
Losgelassenheit in Hals und Rippen

Verlauf des Kreislauf/ Sexus Meridian

A – 1 Handbreite über dem Ellenbogenhöcker am Rumpf
B – Vorderansicht Buggelenk, 2 Handbreiten nach untern auf dem Brustmuskel in der Muskelsepte
C – 2 – 3 QF lateral vor der Bicepssehne
D – hintere – untere Kante der Kastanie
E – Kronsaum über dem Strahl

Die sechs YANG-Meridiane

Dünndarm-Meridian

Funktionen
Er kontrolliert Empfangen und Umwandeln
Er trennt die Flüssigkeiten

Energetische Verbindung:
Der Dünndarm ist mit dem Herz über die Organuhr gekoppelt.
Der Dünndarm ist mit der Blase über das Sechs Schichten Modell 1. Schicht – Tai Yang verbunden.
Der Dünndarm ist mit der Leber durch die Opposition (Mittag – Mitternacht) nach der Organuhr verbunden.

Tendo-Muskulären-Meridiane (TMM):
Durch die Behandlung des Leber-Meridians werden folgende Störungen in den TMM behoben:
Verspannungen und Schmerzen im gesamten Meridianverlauf
Schmerzen des Schulterblattes, des Halses
Streckung und Aufrichtung des Halses
Verstärktes Abfußen mit der Vorhand

Verlauf des Dünndarm Meridian

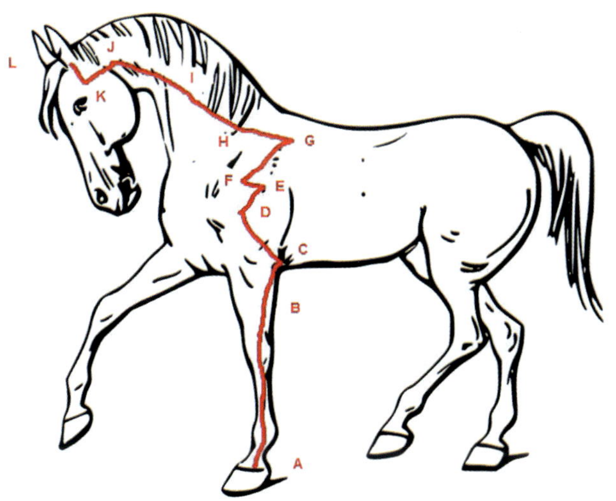

A – Kronsaum, äußere Mitte
B – Halbierungsstrecke Karpalgelenk und Ellenbogenhöcker

C – auf der hinteren Kante des Ellenbogenhöckers
D – Buggelenk hinter
E – auf dem Schulterblatt, auslaufende Schulterblattgräte (Knochenkamm)
F – am vorderen Rand des Schulterblattes
G – hinter dem Übergang Schulterblattknorpel und Schulterblattgräte
H – 1 Handbreite Richtung Kopf, in einer Vertiefung
I – Halsmitte
J – 1 QF unter dem Querfortsatz des Atlas
K – Unterkante Jochbein, 4 QF hinter dem Augenwinkel
L – Ohröffnung

Blasen-Meridian

Die Besonderheit des Blasen-Meridian ist, das er über zwei Äste verfügt. Der mediale (innere) Ast entspringt beim inneren Augenwinkel, steigt zum Schopf, im Nackenbereich abwärts, dann eine Handbreite neben der Wirbelsäule, das Hinterbein abwärts und endet an der äußeren Ballenecke.
Der zweite Ast trennt sich im Nacken, zwei Handbreiten neben der Wirbelsäule, und verbindet sich in der Kniekehle bei dem Akupunkturpunkt Bl 40 *weizhong*.

Funktionen
Die Funktion der Blase besteht darin, Flüssigkeit zu speichern und mittels Qi-Transformation Abfallstoffe in Urin zur Ausscheidung umzuwandeln.

Energetische Verbindung:
Die Blase ist mit der Niere über die Organuhr gekoppelt.
Die Blase ist mit dem Dünndarm über das Sechs Schichten Modell 1. Schicht – Tai Yang verbunden.
Die Blase ist mit der Lunge durch die Opposition (Mittag – Mitternacht) nach der Organuhr verbunden.

Tendo-Muskulären-Meridiane (TMM):
Durch die Behandlung des Blasen-Meridians werden folgende Störungen in den TMM behoben:
Verspannungen der Muskulatur in der Kniekehle
Schwäche der Wirbelsäule
Verspannungen der Muskeln und Sehnen des Halses
Ausgeglichenheit der Körperbewegung

Verlauf des Blasen Meridian innen

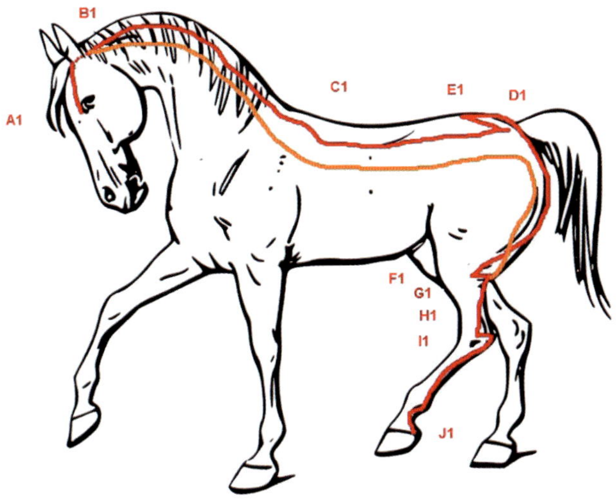

A – 1 QF neben dem inneren Augenwinkel
B – entlang der Stirnbeinkante bis zum Mähnenschopf bis Ende Mähne – Anfang Widerrist, 1 QF neben der oberen Körpermitte
C – 1 Handbreite neben der oberen Körpermitte
D – Höhe Anfang Schweifwurzel in einer Vertiefung
E – Übergang letzter LWK / Kreuzbein, 2 QF neben der oberen Mitte
F – 1 Handbreit neben der Kniekehle, Beinaußenseite
G – Kniekehle, Beinaußenseite
H – Oberkante Sprunggelenk in der tiefsten Grube
I – Oberkante Fersenbein, 1 QF neben der hinteren Beinmitte – Beinaußenseite
J – äußere Ballenecke

Verlauf des Blasen Meridian außen

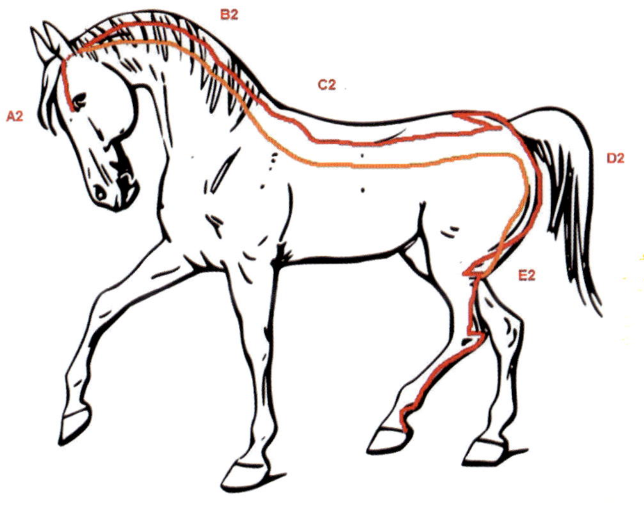

A – am hintern Rand des Atlas neben der Mähne
B – vorderer Schulterblattrand – 1 Handbreite neben der oberen Körpermitte
C – hinter dem Schulterblattrand – 2 Handbreiten neben der oberen Körpermitte
D – Ende Darmbein am Übergang zum Sitzbein
E – Kniekehle
dann weiter wie der innere Blasen Meridian

Dreifach Erwärmer-Meridian *(San Jiao)*

Der Dreifach Erwärmer *(San Jiao)* ist ein Funktionskreis mi folgenden Aufgaben.

Funktionen

Der Obere Erwärmer ist wie ein Nebel
Er verteilt die Flüssigkeit in Form eines feinen Nebels im ganzen Körper

Der Mittlere Erwärmer ist wie eine Gärkammer
Die wichtigsten Aufgaben sind Verdauung und Transport von Nahrung und zugeführter Flüssigkeit

Der Untere Erwärmer ist wie ein Graben
Der Hauptvorgang ist die Aufspaltung der Nahrungs-Essenzen in einen reinen und unreinen Anteil.

Energetische Verbindung:
Der Dreifach Erwärmer *(San Jiao)* ist mit dem Kreislauf/ Sexus (Perikard) über die Organuhr gekoppelt.
Der Dreifach Erwärmer *(San Jiao)* ist mit der Galle über das Sechs Schichten Modell 2. Schicht – Shao Yang verbunden.
Der Dreifach Erwärmer *(San Jiao)* ist mit der Milz/ Pankreas durch die Opposition (Mittag – Mitternacht) nach der Organuhr verbunden.

Tendo-Muskulären-Meridiane (TMM):
Durch die Behandlung des Dreifach Erwärmer-Meridians *(San Jiao)* werden folgende Störungen in den TMM behoben:
Schmerzen im gesamten Verlauf des Meridians
Losgelassenheit in Hals und Genick
Bessere seitliche Balance

Verlauf des Dreifacher Erwärmer Meridian

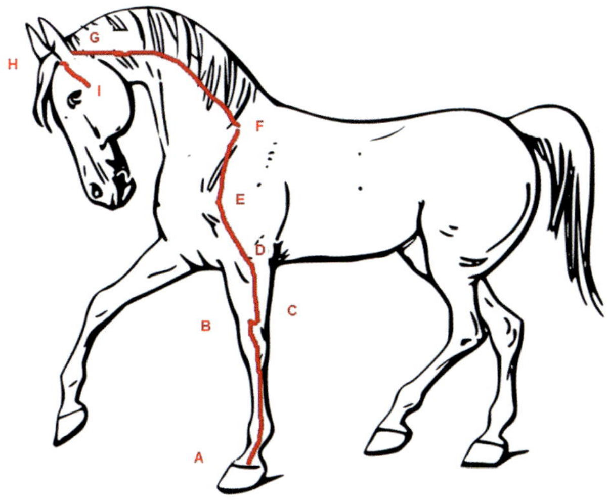

A – Vorderbein, Kronsaum außen, 1 QF neben der vorderen Beinmittellinie
B – 2 QF über der Oberkante Karpalgelenk, 2 QF neben der vorderen Mitte
C – 1 – 2 QF daneben, zwischen den vorderen Zehenstreckern
D – Beinaußenseite – Ellenbogengelenkspalt
E – Mitte Buggelenk
F – 2 QF vor dem vorderen Schulterblattrand und 2 Handbreiten neben der oberen Körpermitte
G – Hinterrand des Atlas – Halsmitte
- weiter zum Ohransatz
H – hinter dem Ohr eng herum
I – Unterkante Jochbein hinter dem Auge

Gallen-Meridian

Funktionen
Sie kontrolliert die Urteilskraft und den Mut
Sie kontrolliert die Sehnen (Qi-Anteil)

Energetische Verbindung:
Die Galle ist mit der Leber über die Organuhr gekoppelt.
Die Galle ist mit dem Dreifach Erwärmer *(San Jiao)* über das Sechs Schichten Modell 2. Schicht – Shao Yang verbunden.
Die Galle ist mit dem Herz durch die Opposition (Mittag – Mitternacht) nach der Organuhr verbunden.

Tendo-Muskulären-Meridiane (TMM):
Durch die Behandlung des Galle-Meridians werden folgende Störungen in den TMM behoben:
Steifheit und Schmerz im Meridianverlauf und die Außenseite des Knies.
Beugen und Strecken des Kniegelenks ist eingeschränkt.
Schmerzen der Rippen
Das linke Auge kann sich nicht richtig öffnen, wenn die rechte Seite verspannt ist und umgekehrt
Schubeinwirkung und Aufheben der Hinterhand
Sich an den Zügel strecken

Verlauf des Gallen Meridian

A – 1 Q<F neben dem äußeren Augenwinkel unter dem Jochbein
B – auf dem Jochbein 3 – 4 QF hinter dem Auge
C – am Ohrengrund oberhalb der Ohröffnung
D – Mitte Auge auf der knöcherner Struktur
E – hinter dem Ohr vorbei
F – am Übergang Genick – Atlas 2 QF neben der oberen Mitte
G – am Übergang Hals – Rumpf unter der Trapeziusspitze
H – Vorderrand Schulterblatt und eine Handbreite über dem Buggelenk
I – Mitte Rumpf
J – am Ende der letzten Rippe
K – Mitte Hüfthöcker
L – Hinter der Mitte des Trochanter
M – Beinmitte
N – Kronsaum außen Mitte

Dickdarm-Meridian

Funktionen
Die Funktion des Dickdarms ist, Abfallmaterial vom Dünndarm zu übernehmen, die Flüssigkeit zu resorbieren und den Rest auszuscheiden.
Viele Funktionen, die wir aus westlicher Sicht dem Dickdarm zuschreiben, gehören aus chinesischem Blickwinkel zur Milz.

Energetische Verbindung:
Der Dickdarm ist mit der Lunge über die Organuhr gekoppelt.
Der Dickdarm ist mit dem Magen über das Sechs Schichten Modell 3. Schicht – Yang Ming verbunden.
Der Dickdarm ist mit der Niere durch die Opposition (Mittag – Mitternacht) nach der Organuhr verbunden.
An dieser Stelle sei angemerkt: Durch diese Mittag – Mitternacht Verbindung wird deutlich, dass Lendenwirbelsäulen Probleme oft mit Störungen des Dickdarms einhergehen, da die Niere die LWS kontrolliert.

Tendo-Muskulären-Meridiane (TMM):
Durch die Behandlung des Dickdarm-Meridians werden folgende Störungen in den TMM behoben:
Die Vorderhand kann nicht gehoben werden
Der Hals kann nicht gedreht werden
Schmerzen vom medialen Kronsaum zum dorso-lateralen Epicondylus
Abbau von zu starker Anlehnung

Verlauf des Dickdarm Meridian

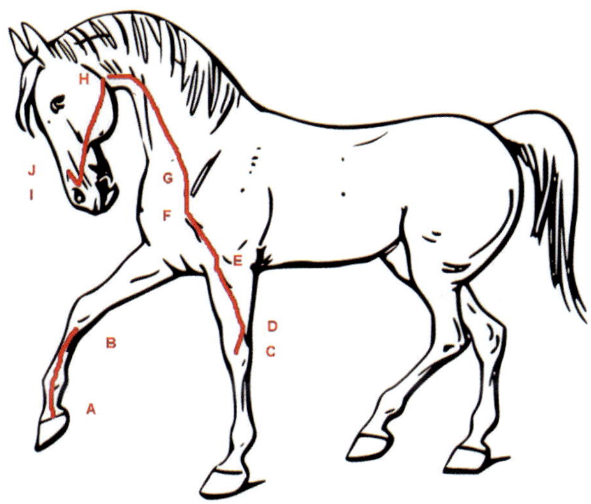

A – Kronsaum, Beininnenseite, Mitte
B – Unterkante Karpalgelenk , Mitte Röhrbein
C – Vordere Beinmittellinie Mitte Karpalgelenk, 1 QF medial
D – Vordere Beinmittellinie 1 QF lateral, 3 QF oberhalb Oberkante Karpalgelenk
E – Unterkante des 3-köpfigen Oberarmmuskel – 3 QF vor der seitlichen Mitte
F – vordere Bugspitze
G – 1 Handbreite und 3 QF über der vorderen Bugspitze
H – Höhe Kehlkopf – 1 Handbreite lateral der vorderen Körpermitte
I – 1 QF vor der Nüster
J – zwischen dem Nasenlippenheber und Nasenmuskel

Magen-Meridian

Funktionen
Er kontrolliert das „Fermentieren und Reifen" der Nahrung
Er kontrolliert den Transport der Nahrungs-Essenzen
Er kontrolliert das Absteigen des Qi
Er ist der Ursprung der Flüssigkeiten

Energetische Verbindung:
Der Magen ist mit der Milz/ Pankreas über die Organuhr gekoppelt.
Der Magen ist mit dem Dickdarm über das Sechs Schichten Modell 3. Schicht – Yang Ming verbunden.
Der Magen ist mit dem Kreislauf/ Sexus (Perikard) durch die Opposition (Mittag – Mitternacht) nach der Organuhr verbunden.

Tendo-Muskulären-Meridiane (TMM):
Durch die Behandlung des Magen-Meridians werden folgende Störungen in den TMM behoben:

- Steifheit im Verlauf des Meridians der Hinterhand
- Vorschwingen der Hinterhand
- Durchlässigkeit für Paraden
- Schwellung der Leiste
- Hodenentzündung
- gespannte, harte Bauchdecke
- Ausstrahlender Schmerz zur Wange

Verlauf des Magen Meridian

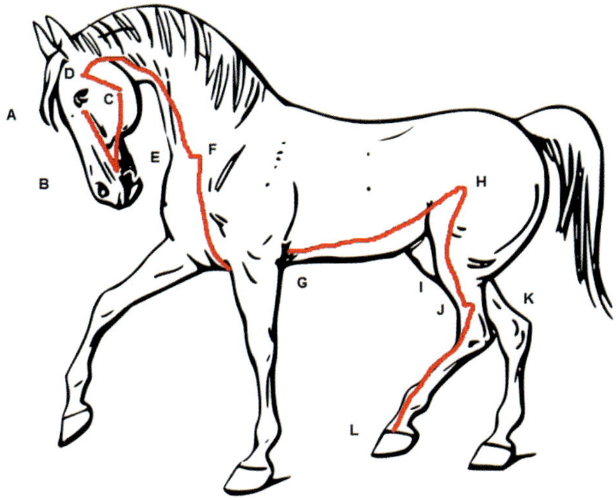

A – untere Augenarkade Mitte
B – 1 QF hinter dem Maulspalt
C – Linie Auge – Kieferbogen unteres 1/3
D – 2 QF hinter dem Augenwinkel und 2 QF darüber auf dem Hirnschädel
E – Schlundende
F – 2 QF lateral
G – hinter dem Ellenbogenhöcker am Rumpf – entlang der Dampfrinne
H – 1 Handbreite nach der Spannhaut Richtung Schweifwurzel
I – unter dem äußeren Rand der Kniescheibe
J – Unterschenkelmitte, 1 QF lateral der vorderen Beinmitte
K – 2 QF Richtung Achillessehne
L – Kronsaum, 1 QF neben der vorderen Beinmitte

Die acht Außerordentlichen Gefäße

Die erste Erwähnung der acht außerordentlichen Gefäße sind in zwei sehr alten und klassischen Werken zu finden, dem „Gelben Kaiser *(Huangdi Neijing)*" und dem *Nan Jing*.

Drei außerordentlichen Gefäße sind für die praktische Arbeit mit der Akupunkt-Meridian-Massage am Pferd wichtig, da wir sie bei der sogenannten Zweiteilung benötigen.

Es handelt sich um das Lenker-Gefäß *(Du Mai)*, das Konzeptions-Gefäß *(Ren Mai)* und das Gürtelgefäß *(Dai Mai)*.

Die Funktion der acht Außerordentlichen Gefäße
Die acht außerordentlichen Gefäße bilden ein eigenes System. Sie haben ihren Ursprung in den Nieren, die Nierenessenz – *Jing* speichern. Ein Teil dieser Nierenessenz fließt als *Jing-Qi* in den acht außerordentlichen Gefäßen durch den ganzen Körper. Ihre Funktion ist es, körperliche Zyklen und Strukturen, die unter der Kontrolle des *Jing* stehen, zu regulieren. Sie unterliegen nicht den Gesetzmäßigkeiten der *Yin-* und *Yang*-Organe *(zang-fu)*. Ihre pathologische Manifestationen sind durch Symptomkomplexe charakterisiert, die auf einer Schwäche und/ oder einer Störung in der Zirkulation des *Jing-Qi* beruhen.

Die Wirkung der Akupunkturpunkte der acht außerordentlichen Gefäße beruht darauf, dass über sie *Jing-Qi* zu unterversorgten Regionen gebracht werden kann und Blockaden in ihnen beseitigt werden können. Da sie *Jing-Qi* mobilisieren, sollten sie jedoch mit Vorsicht verwendet werden. Zu häufige Verwendung dieser Gefäße kann Müdigkeit und Erschöpfung erzeugen. Bei sorgfältiger Handhabung ist diese Methode jedoch besonders bei chronischen Schmerzzuständen hoch wirksam und bringt in der Praxis schnelle Resultate.

Einteilung der acht außerordentlichen Gefäße:
Traditionell werden die acht außerordentlichen Gefäße in vier Paare eingeteilt. Der Grund liegt in der gemeinsamen energetischen Versorgung bestimmter Körperregionen.

Jedes Außerordentliche Gefäß verfügt über einen Öffnungspunkt (OP) und einen Ankopplungspunkt (AP).

Paare	Name	OP	AP	versorgende Körperregion
Paar 1	Chong Mai Yin Wei Mai	MP 4 KS 6	KS 6 MP 4	Herz, Brust , Magen
Paar 2	Du Mai Yang Qiao Mai	Dü 3 Bl 62	Bl 62 Dü 3	Nacken, Schulter, Rücken
Paar 3	Dai Mai Yang Wei Mai	G 41 DE 5	DE 5 G 41	Ohren, Außenseite des Körpers
Paar 4	Ren Mai Yin Qiao Mai	Lu 7 Ni 6	Ni 6 Lu 7	Kopf, Kehle, Brust, Lunge. Bauch

Allgemeine Funktion

Die acht außerordentlichen Gefäße dienen als Reservoir. Das bedeutet, sie nehmen einerseits überschüssige Energie der Hauptmeridiane auf und geben andererseits bei Energiemangel der Hauptmeridiane an diese ab, und dienen somit der Regulation des Energieflusses.

Entsprechend ihrem Verlauf zirkuliert Nierenessenz-*Jing-Qi*, Nähr-*Ying-Qi* und Abwehr-*Wei-Qi* durch die von ihnen versorgten Körperregionen.

Chong Mai- Durchdringungsgefäß

Öffnungspunkt: MP 4 *Gong Sun*
Ankopplungspunkt: KS 6 *Nei Guan*
MP 4 – *Gong Sun* – Lo-Punkt der Milz – Öffnungspunkt des *Chong Mai* – See des Blutes und Mutter aller 10 *Zhang – Fu*

Physiologie des *Chong Mai*

1. Der *Chong Mai* verbindet mit seinem absteigenden Ast alle *Yin*-Meridiane und mit seinem aufsteigenden Ast alle *Yang*-Meridiane. Die Hauptverbindung des *Chong Mai* liegt zwischen Magen und Niere (Magen für nachgeburtliches *Jing* und Nieren für vorgeburtliches *Jing*)
2. Der *Chong Mai* sorgt für die innere und äußere Zirkulation des *Wei-Qi*. Der *Chong Mai* sorgt für die Thermoregulation des Körpers und die Verteilung der Körpersäfte.
3. Der *Chong Mai* verbindet sich im Unterbauch, Brustkorb, Gesichts- und Beinbereich mit der gesamten TMM Struktur. Deshalb wird der *Chong Mai* das Meer aller sekundären Gefäße und Sehnen genannt.
4. Der *Chong Mai* ist der Meister des Herzes.

Der *Ren Mai* ist der See des *Yin*, der *Chong Mai* ist der See des Blutes und der *Du Mai* ist der See des *Yang*.

Der *Chong Mai* ist daher *yiniger* als der *Ren Mai*. Im Verhältnis gesehen hat der *Ren Mai* mehr *Qi* als der *Chong Mai*.

Therapie:
Hauptpunkt MP 4 - *Gong Sun* gekoppelt mit KS 6 – *Nei Guan*.

Sediert:
Löst Magen-*Qi*-Stagnation auf, senkt Magen-*Qi* ab, regt die Darmperistaltik an, löst Blut-Stagnation auf, wandelt Feuchtigkeit und Feuchte-Hitze um, beruhigt.

Indikationen:
Feuchte-Hitze-Durchfall, Magenschmerzen durch Blut-Stagnation bedingt, Nahrungsstockung, Enteritis, Darmblutung, Krampfanfälle, Unruhe.

Tonisiert *bu fa*:
Tonisiert Milz und Magen, stärkt die Sehnen und Muskeln

Penetrationsgefäß – *Chong Mai*

Die Hauptleitbahn beginnt im Genitalbereich, steigt neben dem *Ren Mai* und dem Nieren-Meridian zum Thorax, wo sie sich in den Interkostalräumen verteilt.

Öffnungspunkt: **MP 4** Ankopplungspunkt: **KS 6**
Kreuzungspunkte: **KG 1, Ni 11 – Ni 21, Ma 30**

Funktion	**Indikation**
Als „See des Blutes" enge Beziehung zum Uterus, kontrolliert bei Stuten mit *Ren Mai* die Rosse	Myome, Tumore im Bauchbereich Urethritis
Transport des Blutes zum Herzen und Förderung der Bewegung des Herz-Blutes	Thromboseprophylaxe
Vereint vor- und nachgeburtliche Essenz – *Jing*	Schwache Konstitution mit Verdauungsbeschwerden, Appetitlosigkeit
Korrigiert gegenläufiges Qi, beseitigt Qi- und Blut-Stagnation, besonders im Narbengewebe der versorgten Region	Fülle im Thorax und Bauchraum, chronische Schmerzen durch Narbengewebe

Lenker-Gefäß *(Du Mai)*

Meridianverlauf

Der *Du Mai* entspringt bei DU 1 über dem Anus, verläuft die Unterseite der Schweifrübe abwärts, an der Oberseite wieder hoch und mittig über die Wirbelsäule, durch die Mähne über den Kopf und endet Mitte Oberlippe. Da der *Du Mai* über Nebengefäße und Dorsalgefäße verfügt, können wir in der Akupunkt-Meridian-Massage den Du Mai auch von der Oberlippe zum Anus mit einem Stäbchen ziehen und ihn mit dem Konzeptionsgefäß *(Ren Mai)* zu einem Kreislauf verbinden.

LG 28
Mitte Oberlippe
Maul - Innenseite

LG 1 Körpermitte über dem Anus

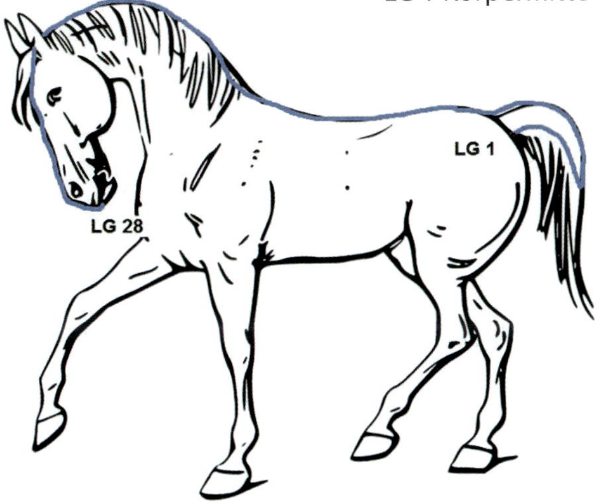

Funktion

„Meer des *Yang*" – Kontrolle über alles *Yang* im Körper, verbindet alle Yang Meridiane miteinander
Stärkt die Wirbelsäule, besonders die Lendenwirbelsäule
Leitet äußeren Wind aus
Unterdrückt inneren Wind
Nährung des Marks, Gehirn und Rückenmarks mit Nierenessenz *(Jing-Qi)*
Stärkung und Zirkulation von Abwehr-*Wei-Qi*

Fülle Symptome des *Du Mai*

Die WS ist sehr steif und schmerzhaft, Nervosität. Diese Zustände können aus einer Fülle der Leber entstehen.

Leere Symptome des *Du Mai*

krumme Rückenhaltung, Kraftlosigkeit, schwaches Shen.
Diese Zustände entsprechen einer Leere des Ni – Qi und *Jing*, das *Jing* kann das Knochenmark und Hirn nicht auffüllen.

1. Um sowohl die physische als auch geistige Kraft des Pferdes zu unterstützen. (das Yang – Qi)
2. Für Nervensystemstörungen wie Neuralgien
3. Für *Shen* Störungen wie Erregbarkeit, Manisches Verhalten
4. Für degenerative Erkrankungen
5. Für die Sinnesorgane, besonders Nase und Augen; Heuschnupfen, usw.

Therapie

Dü 3 und Bl 62 werden je nach Ursache in Kombination mit anderen Punkten verwendet.

Therapeutische Bedeutung von Dü 3

Dü 3 – *Hou Xi* – Holz Punkt – Shu Punkt:
In physiologischer Hinsicht ist der *Shu*-Punkt die Stelle, an der die Pathogene bioklimatische Energie in den Meridian eindringt.

Sediert *(xie fa)* man diesen Punkt, so sediert man die Pathogenen Einflüsse, das Qi innerhalb des *Du Mai* wird aufgelockert, krampflösend, vertreibt Wind und Wind-Hitze, vertreibt Sommer-Hitze, Schmerzlindernd, Fiebersenkend, Beruhigend, vertreibt Wind-Schleim.

Indikationen:

HWS-Syndrom und Entzündungen, Parästhesien und Krämpfe der oberen Gliedmaßen, steife und schmerzhafte WS, Bi-Syndrom, manisches Verhalten. nässende Hautausschläge.

Lenkergefäß – *Du Mai*

Öffnungspunkt: **Dü 3**

Ankopplungspunkt: **Bl 62**

Funktion	**Indikation**
Als „See des Yang" Kontrolle über alles *Yang* im Körper, verbindet alle *Yang*-Meridiane miteinander	Stärkt das Nieren-*Yang*, bei chronischer Müdigkeit
Stärkung der Wirbelsäule, besonders die Lendenwirbelsäule	Schwäche und akute/ chronische Schmerzen der Lendenwirbelsäule, verschlimmert durch Bewegung und Belastung
Leitet äußeren Wind aus	Akute Erkältungskrankheiten, Fieber, Windempfindlichkeit
Unterdrückt inneren Wind	Schwindel, Fieberkrämpfe
Stärkung und Zirkulation von Abwehr-*Wei-Qi*	Schwaches Immunsystem

Konzeptions-Gefäß *(Ren Mai)*

Meridianverlauf

Der *Ren Mai* entspringt unterhalb des Anus, und läuft bauchseitig und mittig bis zur Unterlippe. Bei den Geschlechtsorganen wird der *Ren Mai* links und rechts mit dem Stäbchen vorbeigezogen.

KG 24
Unterkante
Unterlippe

KG 1
Unter dem Anus

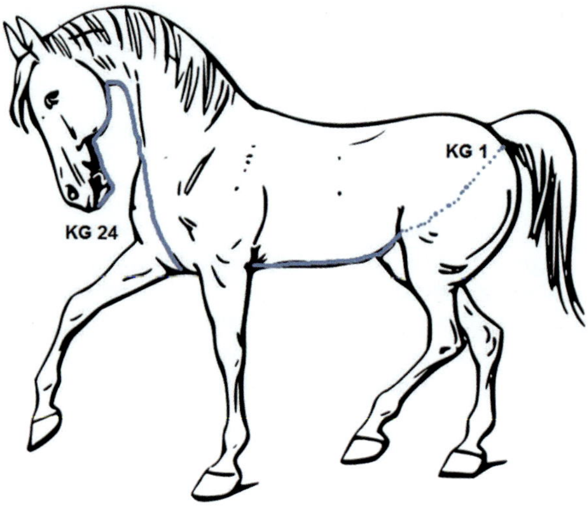

Funktion

„Meer des Yin" Kontrolle über alles Yin im Körper
Reguliert gegenläufiges Magen-Qi
Reguliert gegenläufiges Lungen-Qi, stärkt die energetische Beziehung zwischen Lunge und Niere

Physiologie des *Ren Mai:*

Die Regulation des *Yuan-Qi* erfolgt über den *Ren Mai* um die nahe liegenden Strukturen zu versorgen.

Ren Mai gehört zu den vier wichtigsten Meridianen, welche ihren Ursprung in den Nieren haben. Das *Yuan-Qi* wird zum Nervensystem und zum Gehirn gebracht. Drüsen und das nahe liegende Gebiet werden versorgt.

Fülle des *Ren Mai*

Krämpfe, Spasmen entlang des Meridians, Bauchdeckenschmerz, Genitalienschmerz, Myome, Zysten, Tumor, Blasenentzündung.

Die Fülle des *Ren Mai* entspricht einer Fülle der Leber , oder Leber-Kälte oder *Qi*- und Blut-Stagnation.

Leere des *Ren Mai*
Schweißausbrüche, Rückenschmerzen, Unfruchtbarkeit, Asthma, Bronchitis, Mundschleimhautentzündung.
Die Leere des *Ren Mai* entspricht einer Leere des Nieren-*Yin* mit Lungen-*Yin*-Mangel

Therapie:
Die Behandlung des *Ren Mai* wird für folgende Krankheiten empfohlen:
1. Unterleibserkrankungen: Unfruchtbarkeit, Myome, usw.
2. Resorbtionsstörungen: Gewichtsverlust
3. Atembeschwerden: Chronischer Husten, Asthma, trockener Husten
4. Verdauungsstörungen: Durchfall, Verstopfung

Bei Inneren Störungen werden die Schlüsselpunkte Lu 7 und Ni 6 eingesetzt.

Lu 7 – *Lie Que*

Sediert *xie fa:*
Schweißtreibend, öffnet die Oberfläche und vertreibt Pathogene, senkt das Lungen-*Qi* ab, öffnet die Sinnesorgane, löst Stagnationen auf.

Indikationen:
Rhinitis, Heuschnupfen, Herzrhythmusstörung, Verstopfung, Kopfschmerz, Hautausschläge.

Tonisiert *bu fa:*
Tonisiert das Lungen-*Qi* und stärkt die Sehnen des Karpalgelenkes.

Indikationen:
Trockener Husten, Rückenschmerzen, schwache Karpalgelenke.

Konzeptionsgefäß – *Ren Mai*

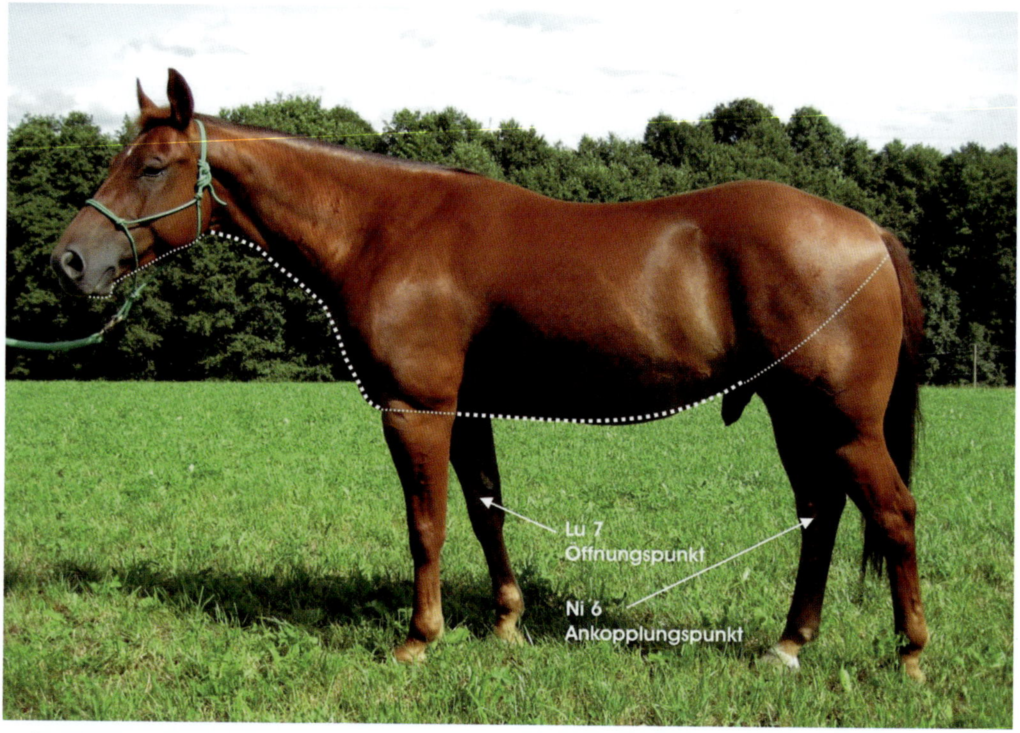

Er beginnt im Becken und kommt bei *Ren* 1 an die Oberfläche, zieht von dort entlang der Mittellinie über den Bauch und den Brustkorb zur Kehle und endet unterhalb der Unterlippe.

Öffnungspunkt: **Lu 7**	Ankopplungspunkt: **Ni 6**
Funktion	**Indikation**
Als „See des *Yin*" Kontrolle über alles *Yin* im Körper	Symptomen von Nieren-*Yin*-Mangel
Regulation des Uterus, Versorgung der Organe des reproduktiven Systems mit Nierenessenz-*Jing-Qi* und Kontrolle über seine Funktionen	Sterilität
Ernährung und Erhaltung des Fetus	häufige Miktion während der Trächtigkeit
Reguliert gegenläufiges Lungen-Qi, stärkt die energetische Beziehung zwischen den *Zang*-Organen Lungen und Nieren	chronischer Husten

Yang Wei Mai – Bewahrer des *Yang*

Öffnungspunkt: SJ 5 – *Wai Guan*
Ankopplungspunkt: Gb 41 – *Zulin Qi*
Yang Wei Mai verbindet alle *Yang* Meridiane miteinander. Wie der *Yin Wei Mai* besteht der *Yang Wei Mai* aus mehreren Segmenten.
An dem Punkt *Jing Ming* – Bl 1 nimmt der *Yang Wei Mai* über Verästelungen über den Punkt Gb 41 das *Yuan-Qi* auf, um es zu verteilen. Die Flussrichtung des *Yang Wei Mai* ist von oben nach unten, von *Yang* nach *Yin*.

Pathologie des *Yang Wei Mai*
Die Pathologie kann je nach Segment aufgeteilt werden.
1. Kopf: Fieber, Trockenheit der Kehle, Entzündungen, Otitis, Schwellung der Parotis, Unruhe, Bindehautentzündung.
2. Rücken und WS: Fieber, Rückenschmerzen, Abgeschlagenheit,
3. Seitlich: Fieber, Flankenschmerzen, Schulterschmerzen, ausstrahlender Schmerz bis in den Nacken.
4. Rumpf: Rumpfschmerzen, Schmerzen an der Außenseite der Extremitäten.

San Jiao 5 – *Wai Guan* – Ankopplungspunkt des *Dai Mai* und Öffnungspunkt des *Yang Wei Mai*.

Sediert *xie fa:*
Schweißtreibend, vertreibt pathogene Einflüsse, entspannt.

Bewahrer des Yang – *Yang Wei Mai*

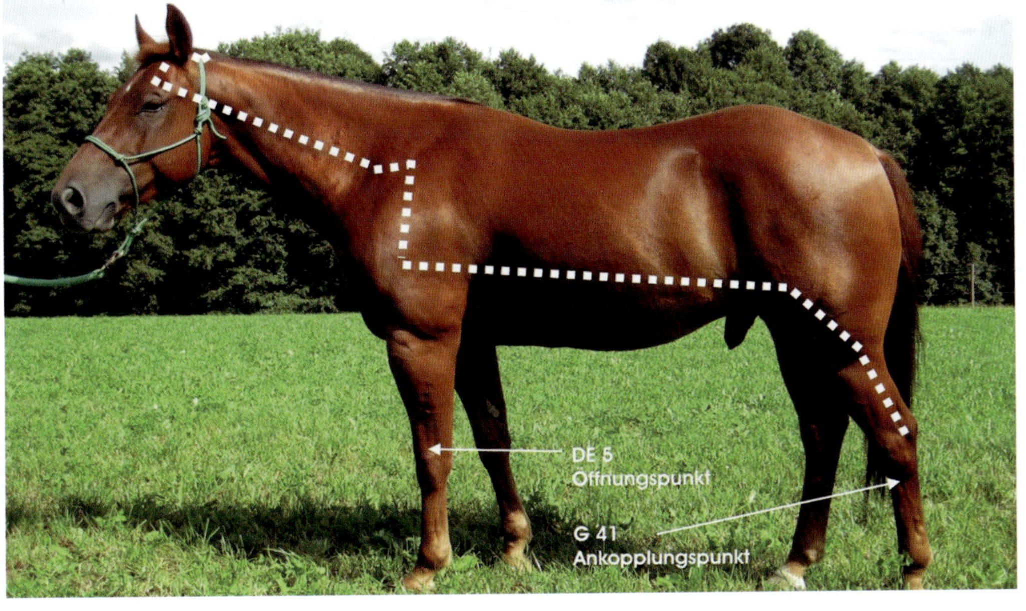

Der *Yang Wei Mai* beginnt bei Bl 63, läuft lateral über Bein und Thorax zum Hals, am Ohr vorbei zur Stirn, von dort zu G 20 und endet bei LG 16

Öffnungspunkt: **DE 5**

Ankopplungspunkt: **G 41**

Funktion
Verbindet alle *Yang* Meridiane miteinander, harmonisiert Nähr-*Jing-Qi* und Abwehr-*Wei-Qi*

Indikation
chronische Gelenkschmerzen und Gelenkserkrankungen, Schmerzen entlang der Außenseite des Körpers

Leitet äußere Wind-Kälte aus, speziell beim *Shao Yang* Syndrom

Intermittierendes Fieber, Fieber unbekannten Ursprungs

Yin Wei Mai- Bewahrer des Yin

Öffnungspunkt: KS 6 – *Nei Guan*
Ankopplungspunkt: MP 4 – *Gong Sun*

KS 6 – *Nei Guan* – Lo-Punkt
Wegen seinem Ursprung und seiner Verbindung zur Milz, Leber und *Ren Mai*, wird *Yin Wei Mai* Vereinigung des Yin genannt.

Segmenterkrankungen des *Yin Wei Mai*
Der *Yin Wei Mai* herrscht als Vereinigung des *Yin* über Blut und Herz. Die Erkrankungen des *Yin Wei Mai* werden in Segmente geteilt und dem jeweiligen *Yin*-Organ zugeordnet. Das Hauptsymptom sind Herzschmerzen und Durchblutungsstörungen im Brustkorbbereich, was einer Stagnation im Herzbereich entspricht.

Physiologie des *Yin Wei Mai*
1. Der *Yin Wei Mai* verbindet alles *Yin*-Organe miteinander.
2. Der *Yin Wei Mai* verteilt das *Yuan-Qi* an alle *Yin*-Organe (Ausgangspunkt Ni 9)

Pathologie des *Yin Wei Mai* segmental aufgeteilt in:
Allgemeine Symptome: Herzschmerzen und Kältegefühl entlang des Nieren-Meridians im Beinbereich

KS 6 – *Nei Guan*
Sediert:
Bewegt das *Qi*, löst *Qi*-Stagnationen im OE und ME auf, Fiebersenkend, löst Magen-*Qi*-Stagnation auf, senkt Magen-*Qi* ab, löst Herz- und Kreislauf-*Qi* und *Xue* (Blut) Stagnationen auf, löst Leber-Qi-Stagnation auf, klärt Herz-Feuer, weicht *Tan*-Stagnation im Herzbereich auf, beruhigt.

Indikationen:
Hypertonie, Gastritis, Asthma, Fieber, Hepatitis.

Tonisiert *bu fa:* tonisiert Herz-*Qi* und Blut
chronische Bronchitis, regt die Milchbildung an

Wichtiger Punkt: Ni 9 – *Zhu Bin*

Tonisiert *bu fa:* tonisiert das Nieren-*Yin*

Sediert *xie fa:* leitet im UE Feuchte-Hitze aus, klärt Hitze im UE, entschleimt das Herz

Blasenentzündung, Orchitis, Unterleibsentzündung, manischer Zustand.

Bewahrer des Yin – *Yin Wei Mai*

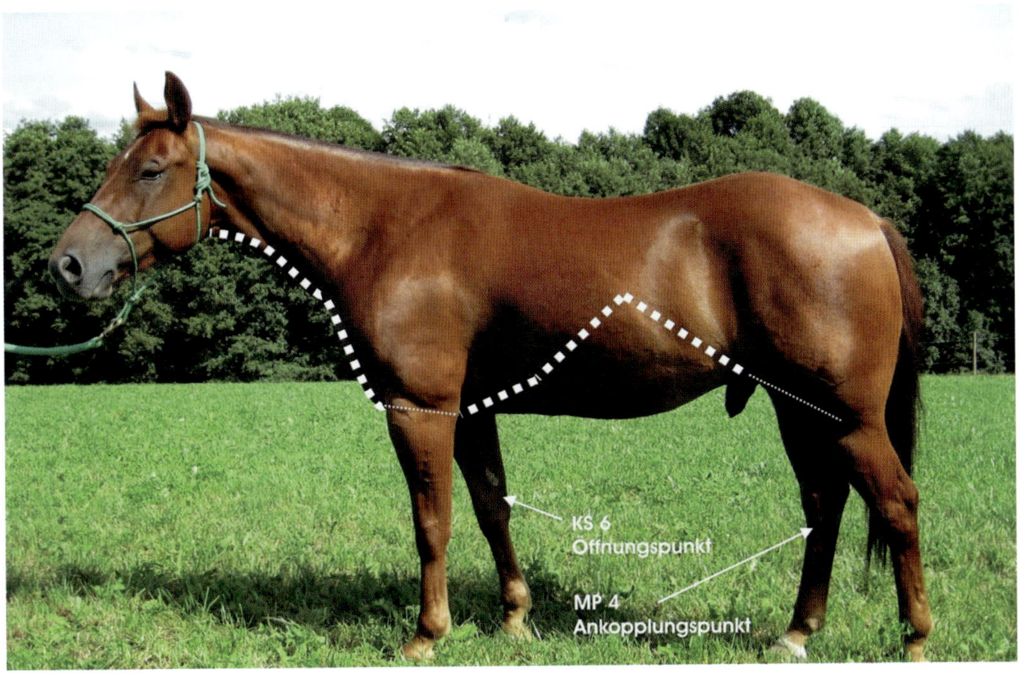

Der *Yin Wei Mai* beginnt bei Ni 9, läuft medial über Bein und Abdomen zur Brust und endet bei KG 23 in der Kehle.

Öffnungspunkt: **KS 6**

Ankopplungspunkt: **MP 4**

Funktion
Verbindet alle *Yin* Meridiane miteinander
Kräftigt *Yin* und Herz-Blut

Indikation
Ängstlichkeit, Schreckhaftigkeit

Yang Qiao Mai – Yang Fersengefäß

Öffnungspunkt: Bl 62 - *Shen Mai*
Ankopplungspunkt: Dü 3 - *Hou Xi*

An dem Punkt *Jing Ming* – Bl 1 nimmt der *Yang Qiao Mai* vom *Yin Qiao Mai* das *Yuan-Qi* auf.
Die Flussrichtung des *Yang Qiao Mai* ist abwärts.

Physiologie des *Yang Qiao Mai*:
Yang und *Yin Qiao Mai* sind für die Bewegung des *Wei-Qi* zuständig. Das Schließen und Öffnen der Augen und der Schlafrhythmus stehen unter dem energetischen Einfluss dieser beiden Gefäße. Bei Einschlafen sammelt sich das *Wei-Qi* von *Yang Qiao Mai* zu *Yin Qiao Mai* an dem Punkt Bl 1. Von da aus fließt das *Wei-Qi* den *Yin Qiao Mai* entlang zu Ni 1. Beim Aufwachen fließt das *Wei-Yang* abwärts des *Yin Qiao Mai* entlang um über den *Yang Qiao Mai* die Yang MTM Struktur zu durchdringen

Pathologie des *Yang Qiao Mai*
Eine Fülle des *Yang Qiao Mai* deutet auf eine Leere des *Yin Qiao Mai. Yang Qiao Mai* Beschwerden werden entweder von inneren oder PE ausgelöst. Leber, Galle, Niere und Magen sind für die inneren Ursachen verantwortlich, wobei Wind die Hauptursache für äußere Symptome ist.

Symptome des *Yang Qiao Mai*
das Augen schließt nicht, erstarrter Blick, trockene Augen, Bindehautentzündung, Neuralgien im Augenbrauenbereich, Gelenksschmerzen, Hüftbeschwerden (Hüftarthrose), Sinusitis, Heuschnupfen.

Bl 62 – *Shen Mai* – Öffnungspunkt des *Yang Qiao Mai* – krampflösender Punkt
Sediert *xie fa*:
Fiebersenkend und Hitze ausleitend, Krampflösend, beruhigend

Indikationen:
manisches Verhalten, Konjunktivitis, Unruhe, Gebärmutterkrämpfe.

Yang-Fersengefäß – *Yang Qiao Mai*

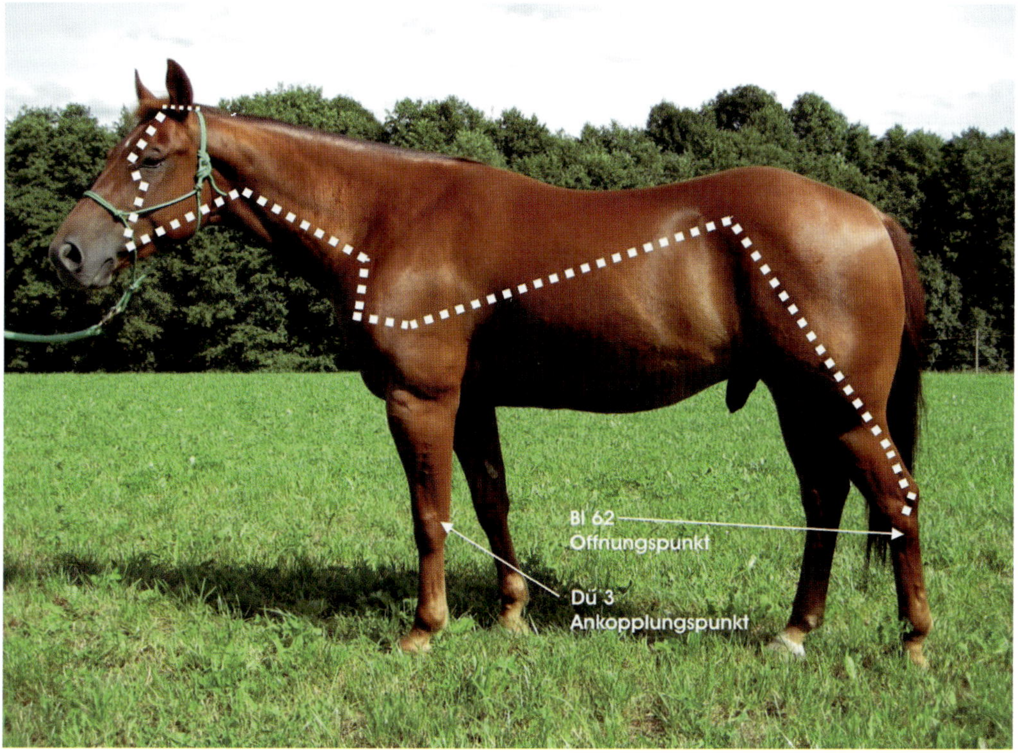

Der *Yang Qiao Mai* beginnt bei Bl 62, zieht über die Beinaußenseite zu G 29, weiter zu Dü 10, seitlich entlang am Hals und beendet seinen oberflächlichen Verlauf bei Bl 1.

Öfnungspunkt: **Bl 62**

Ankopplungspunkt: **Dü 3**

Funktion	**Indikation**
Versorgung der Augen, *Yang* und Nierenessenz-*Jing-Qi*	Augenerkrankungen
Entfernt inneren und äußeren Wind vom Kopf	Erkältungskrankheiten
Befreit die Wirbelsäule von Blockanden, Stagnation, besonders nach Traumen	einseitige Schmerzen lateral der Wirbelsäule, verstärkter schmerzhafter Muskeltonus an der Außenseite des Beines

Yin Qiao Mai – Yin Fersengefäß

Öffnungspunkt: Ni 6 – *Zhao Hai*
Ankopplungspunkt: Lu 7 – *Lie Que*

Pathologie des *Yin Qiao Mai*
Yin- und *Yang Qiao Mai* sind für die auf- und absteigende Bewegung des *Qi* zwischen Herz und Nieren zuständig. *Yin Qiao Mai* bringt das Wasser empor und *Yang Qiao Mai* das Feuer des Kreislaufs (Minister der Freude) zu den Nieren nieder. Das Aufrechterhalten von Lebensfunktionen, der Funke des Lebens wird durch die absteigende Bewegung des *Yang Qiao Mai* gewährleistet und das Besänftigen des *Shen* über die aufsteigende Bewegung des Wassers durch *Yin Qiao Mai*. *Yin* hebt sich und Feuer sinkt, dadurch werden jegliche Lebensfunktionen gefördert.

Die Pulsation des *Wei-Qi* wird auch zwischen diesen beiden Gefäßen geführt. Deshalb wird sowohl das auf- und zuschließen der Augen als auch der Schlaf diesen beiden Meridianen zugeordnet.

Ni 6 – *Zhao Hai:* Hat eine hormonähnliche Wirkung

Tonisiert *bu fa:*
Tonisiert das Nieren-*Yin* und *Jing*, beruhigend, entspannend, beruhigt das aufsteigende Nieren-Feuer, entzündungshemmend im Halsbereich und befeuchtet die Kehle, krampflösend.

Indikationen:
Verstopfung, für alle Zustände, bei denen man Schmerzen nicht exakt lokalisieren kann, kann die Augen nicht schließen, trockene Kehle, chronische Halsentzündung, Panik.
Die Kombination Ni 6 und KS 6 wird bei einer *Yin*-Schwäche tonisiert. Selten wird Ni 6 sediert, dafür wird KS 6 bei Fülle im Oberen Erwärmer und Mittleren Erwärmer sediert *xie fa*.

Yin-Fersengefäß – *Yin Qiao Mai*

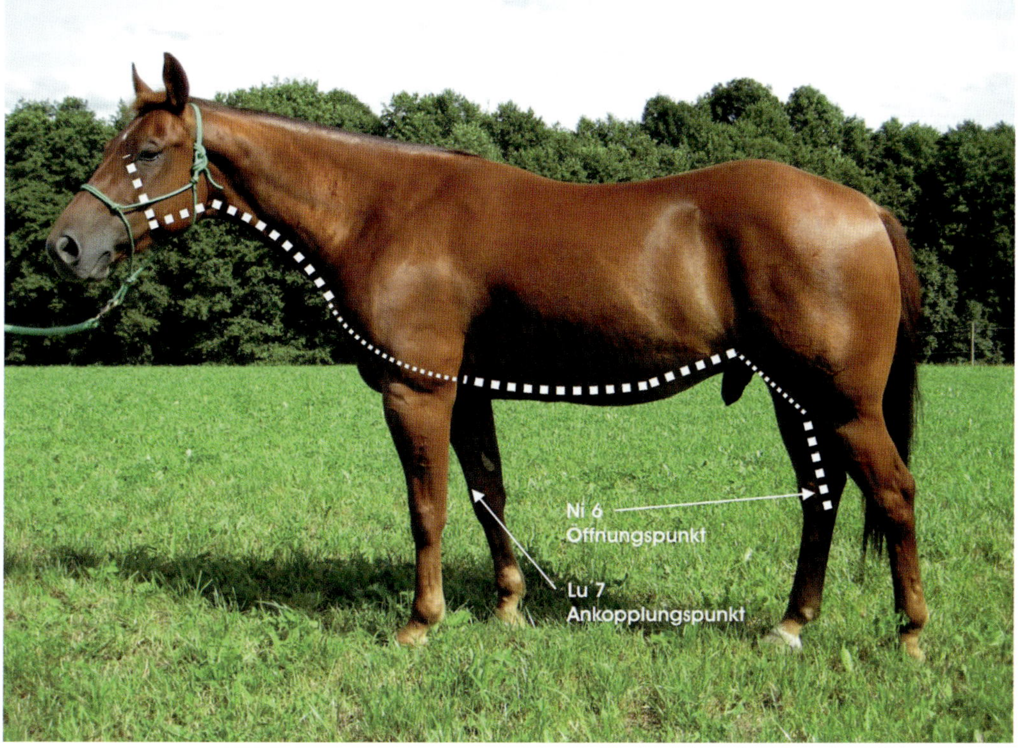

Der *Yin Qiao Mai* beginnt bei Ni 6, zieht über die Beininnenseite, über das Abdomen bis zu Ma 12, von dort weiter zu Bl 1

Öffnungspunkte: **Ni 6**	Ankopplungspunkte: **Lu 7**
Funktion	**Indikation**
Versorgung der Augen mit Nierenessenz-*Jing-Qi* und *Yin*	Augenerkrankungen, Augentrockenheit mit mangelnder Tränenflüssigkeit
Kontrolle des Hinterbeinmuskeltonus	Verstärkter und schmerzhafter Muskeltonus des Hinterbeines
Beseitigung von *Qi*-/ Blut- und Feuchtigkeits-Stagnation im unteren *San Jiao*	Bauchbeschwerden, Myome

Gürtelgefäß *(Dai Mai)*

Meridianverlauf

Das Gürtelgefäß umkreist das Pferd wie einen Gürtel in Höhe einer Handbreite kranial (kopfwärts) des Bauchnabels.
Das Gürtelgefäß – *Dai Mai* hat keine festgelegte Energieflussrichtung.

Funktion

Magen, Galle und Niere sind indirekt an der Funktion des *Dai Mai* mitbeteiligt. Der Akupunkturpunkt G 41 ist der Öffnungspunkt des *Dai Mai*. Der Galle-Meridian verbindet innen und außen. Deshalb werden Störungen des Bewegungsapparates über den *Dai Mai* therapiert.

Physiopathologie des *Dai Mai*

Der *Dai Mai* wird vom Nieren-*Yang* über die Verbindungspunkte Bl 23 – Du 4 – G 26 versorgt.
Die auf und absteigende Bewegung des *Yang-Qi* wird vom *Dai Mai* kontrolliert.
Der *Dai Mai* ist für die Lähmung der unteren Gliedmaßen verantwortlich *(Nei Qing)*

Therapie:

Dai Mai Erkrankungen aus inneren Störungen:

Fülle Symptome:

Rückenschmerzen, Sehstörungen, Hitze vorne und Kälte hinten, Mastitis, Ovaritis.
Eine Leere des Nieren-*Yin* kann als Hauptursache für eine *Dai Mai*-Fülle betrachtet werden.

Leere Symptome:

Kraftlosigkeit in den Beinen, Stase im Unteren Erwärmer, geblähter Bauch, Gefühl von Trägheit im Unteren Erwärmer, Zysten, Müdigkeit, Rückenschmerzen.
Eine Leere des Nieren-*Yang* kann auch als Hauptursache eines *Dai Mai* Leere Zustandes betrachtet werden.

Die Symptome des *Dai Mai* können nach folgenden Kriterien aufgelistet werden:
Sensibilitätsstörungen: Neuralgien, Ischias Beschwerden,

Störungen am Bewegungsapparat: Kraftlosigkeit in den Beinen, Ischialgie, Lumbalgie,
Hauterkrankungen: Nesselsucht, trockene wie nässende Hautbeschwerden,
Wasserregulationsstörung: Ödeme der hinteren Gliedmaßen, Gesichtsödeme,
Allgemein: Erschöpfung,

Gb 41 – *Zulin Qi:*

Öffnungspunkt des *Dai Mai* und *Ying*-Punkt des Galle-Meridians.

Sediert *xie fa:*
Löst Leber und Gallen-*Qi*-Stau auf, klärt innere Hitze, weicht *Tan*-Stockung auf, beruhigt inneren Wind *(Nei Feng)*, stärkt die Sinnesorgane, bewegt *Qi* und *Xue* (Blut) im Fußbereich.

Tonisiert *bu fa:*
Hypertonie, Lymphadinitis.

Gürtelgefäß – *Dai Mai*

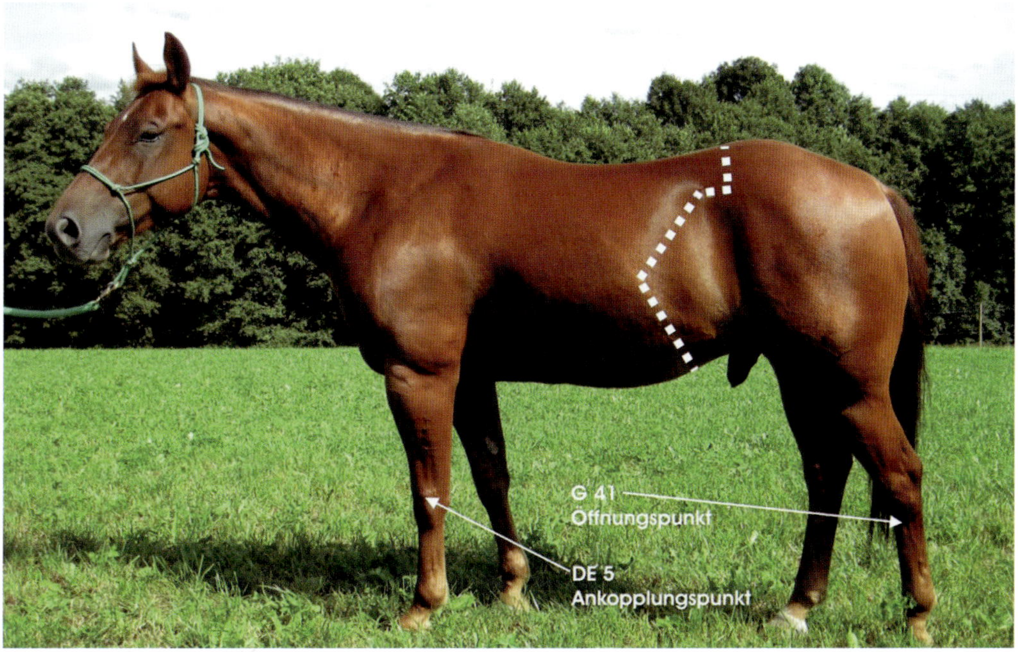

Der *Dai Mai* ist der einzige der wie ein Gürtel den Körper in zwei Hälften teilt. Er hat einen engen Bezug zum Leber- und Gallen-Meridian und verbindet sich mit dem Nebenast des Nieren-Meridians.

Öffnungspunkt: **G 41**

Ankopplungspunkt: **DE 5**

Funktion

Verbindung der vorderen und hinteren Hälfte des Körpers

Beseitigt Fülle in Galle und Leber

Kontrolliert wie ein Gürtel den Energiefluss von vorne und hinten

Indikation

verspannte Schulter-/ Nackenmuskulatur, Herpes Zoster

starke innere Anspannung

zu entspannt: Schwäche, Lähmung und Atrophie der Hinterbeinmuskulatur
zu eng: Blutzirkulationsstörung

Indikationen:

Bei chronischen Erkrankungen: Chronische Erkrankungen führen zur Schwäche von Nierenessenz-*Jing-Qi*, Ursprungs-*Yuan-Qi*, Blut und Abwehr-*Wei-Qi*. Zur Kräftigung und Dynamisierung dieser Energie eignen sich besonders

Du Mai	Lenkergefäß
Ren Mai	Konzeptionsgefäß
Chong Mai	Durchdringungsgefäß

Sie üben zu diesem Zweck ihre Reservoirfunktion aus.

Bei Erkrankung der sechs außerordentlichen Hohl – *Fu* – Organe: Erkrankungen des Gehirns, der Knochen, des Marks über *Du Mai* – Lenkergefäß, Erkrankungen des Uterus über *Ren Mai* – Konzeptionsgefäß und *Chong Mai* – Durchdringungsgefäß, Erkrankungen der Leber über *Dai Mai* – Gürtelgefäß behandeln.

Bei Schmerzen und Schwächen: Wenn Schmerzen und Schwäche im Verlauf eines der acht außerordentlichen Gefäße auftreten, z. B. Schulterschmerzen bei einer Blockade des *Yang Qiao Mai* – Yang Fersengefäß.

Bei energetischen Störungen durch Narben: Liegen Narben im Verlauf eines der acht außergewöhnlichen Gefäße, zuerst das entsprechende Gefäß öffnen, gefolgt von der Narbenbehandlung.

Bei strukturellen Ungleichgewichten: *Yin Qiao Mai* – Yin Fersengefäß, und *Yang Qiao Mai* – Yang Fersengefäß werden eingesetzt, wenn strukturelles Ungleichgewicht zwischen rechter und linker Körperhälfte ausgeglichen werden muss. Behandlung ist dann angezeigt, wenn z. B. trotz Heilung einer Verletzung/ Operation an den Beinen Schonhaltung zu Schmerzen führen oder einen veränderten Muskeltonus verursachen.

Durchführung:
Bei Stuten: Zuerst den Öffnungspunkt rechts tonisieren, dann den Ankopplungspunkt links tonisieren, anschließend weitere Punkte verwenden.
Bei Hengsten: Zuerst den Öffnungspunkt links tonisieren, dann den Ankopplungspunkt rechts tonisieren, anschließend weitere Punkte verwenden.

WICHTIG: In der Regel ist eine sofortige Wiederholung einer Öffnung eines der Gefäße zu vermeiden, da die Wirkung oft erst nach 1 bis 3 Tagen auftritt. Eine Verschlimmerung der Beschwerden in dieser Zeit, ist als Zeichen der beginnenden Regulation des Gefäßes zu sehen, v. a. bei der Behandlung des *Dai Mai* – Gürtelgefäßes.

Der Befund

Vor jeder Behandlung wird das Pferd auf das vorherrschende energetische Bild befundet. Dies gilt für alle Behandlungsabläufe der Akupunkt-Meridian-Massage, ob eine Zwei-Teilung, Drei-Teilung oder mit Akupunkturpunkten.

Zur Feststellung des energetischen Bildes vom Pferd benötigt man einen ruhigen und windstillen Platz. Das Pferd sollte auch rechtzeitig von der Koppel geholt werden, denn die Wärme der Sonne verfälscht das energetische Bild beim Befunden.

Zum Befunden benötigt man lediglich seine warmen Hände die in einem knappen Abstand zum Fell die Abstrahlungswärme fühlen. Über die Mähne beginnend fühlt man mit beiden Händen, weiter entlang am Rücken und die Hinterbeine außenseitig bis zum Huf. Die Vorderbeine werden dann in der Vorderansicht auch bis zum Huf befundet. Dies geschieht auf der linken und dann auf der rechten Seite. Die Abstrahlungstemperatur im Yang-Gebiet merkt man sich und setzt sie der Befundung im Yin-Gebiet gegenüber.

Auf die gleiche Weise fühlt man dann das Yin-Gebiet. Beginnend beim Huf Hinterbein innenseitig fühlt man wieder mit beiden Händen das Bein hoch, den Bauch entlang und das Vorderbein Hinteransicht wieder hinunter zu Huf. Auch hier werden die linke und die rechte Seite befundet.

Setzt man dann die Abstrahlungstemperatur von Yin und Yang gegenüber merkt man sehr häufig dass eine Seite kühler ist und die andere wärmen.

Bitte nicht vergessen, dass es hier um die Abstrahlungstemperatur geht und nicht um die gefühlte auf dem Fell die nur die Körpertemperatur zeigt. Wenn man so nach dem reiten befundet wird man höhe Sattellage eine extreme Abstrahlung spüren, da sich dort eine Menge Energie/ *Qi* angesammelt hat.

Als kleiner Tipp bei immer wieder kalten Händen empfiehlt es sich täglich vormittags ein oder zwei Tassen heißes Wasser zu trinken. Es ist die erste Medizin Indiens, das heiße Wasser reinigt den Dünndarm und klärt somit den Geist und es wärmt die Mitte, vor allem die Milz die für die Verteilung von Energie/ *Qi* in die Extremitäten verantwortlich ist.

Es ist aber auch zu bedenken, dass beim öfteren Befunden, zum Beispiel aus Unsicherheit, sich das energetische Bild auch verändert. Also den Kopf und das Denken weglassen beim Befunden und sich auf sein Bauchgefühl verlassen. Das Denken benötigt man danach für die Akupunkt-Meridian-Massage.

Nach dem Befunden bei einem neuen Patienten beginnt man meistens mit der sogenannten Zwei-Teilung des Pferdes um den inneren Arzt zu aktivieren. Diese Zwei-Teilung wird erfahrungsgemäß einige male wiederholt, bis das energetische Gleichgewicht wieder hergestellt ist.

Während des Befundens als auch bei der Behandlung sollte das Pferd nicht durch Streicheleinheiten oder Spielerein abgelenkt werden. Das Pferd soll sich voll auf das Geschehen konzentrieren können. Ganz besonders bei der Behandlung ist es dann wichtig auf die Reaktion des Pferdes zu achten wie zum Beispiel abkauen. Beginnen wir mit der ersten Behandlungsmöglichkeit, der Zwei-Teilung.

Die Zwei – Teilung

Bei der Zweiteilung wird das Pferd in oben – unten, links – rechts und vorne – hinten geteilt. Wo die Wärme überwiegt herrscht ein Fülle Zustand an Energie/ *Qi* und an der kühleren ein Mangel. Um das energetische Gleichgewicht wieder herzustellen, werden die Meridiane der energieleeren Seite mit dem Stäbchen tonisiert. Dies führt zu einer Verlagerung des Qi in die energieleere Seite des Pferdes. Wir bezeichnen das mit der Aktivierung des inneren Arztes. **Für diesen Ausgleich braucht es zirka 3 Tage und man sollte das Pferd in dieser Phase auch nicht reiten oder trainieren.**

Hier steht eine kurze Auflistung der Behandlungsmöglichkeiten bei der Zweiteilung.

- **MB Dorsal - Ventral** **nach den Regeln der Sechs Schichten**

Dorsal:	**1.**	**Tai Yang**	:	**Dü - Bl**
	2.	**Shao Yang**	:	**3E - G**
	3.	**Yang Ming**	:	**Di - (Ma)**
Ventral:	**4.**	**Tai Yin**	:	**MP - Lu**
	5.	**Shao Yin**	:	**Ni - He**
	6.	**Jue Yin**	:	**Le - KS**

- **MB Rechts - Links** **im Verlauf der Organuhr**
- **MB Vorne – Hinten** **Übergang das Gürtelgefäß / *Dai Mai***

Bei der Zweiteilung oben – unter, also bei der Meridian Behandlung (MB) dorsal, die Rückenseite oder Meridian Behandlung (MB) ventral die Bauchseite werden die Meridiane nach dem sogenannten Sechs Schichtenmodell geteilt.

Die einzige Ausnahme ist der Magen-Meridian, der als Yang-Meridian durch das Yin-Gebiet zieht. Der Grund dafür ist, dass mit dem Öffnen der Augen in der Früh die Yang Energie (auch Abwehrenergie) bei den Akupunkturpunkten Blase 1 – *jing ming*, Galle 1 – *tong zi liao* und Magen 1 – *cheng qi* wieder an die Oberfläche fließt und somit einen Rundumschutz bildet. Da wir aber bei der Zwei-Teilung MB dorsal eine Verlagerung der Energie/ Qi vom Yin ins Yang bezwecken, wird der Magen-Meridian hier nicht verwendet.

Das Sechs Schichten Modell stammt aus einem klassischen Werk dem *Shang Han Lun* – Abhandlungen über Kälte bedingte Krankheiten von *Zhang Zhong Jing* (ca. 150 – 219 n. Chr.). Es beschreibt ein sechs Schichten Konzept das die sechs Verteidigungsschichten eines Körpers beschreibt. In diesem Konzept werden immer ein kurzer Yang-Meridian und ein langer Yang-Meridian zu einer Schicht zusammengeführt. Z. B. *Tai Yang* – Dü- und Bl-Meridian. Das gleiche gilt auch für die Yin-Meridiane ein langer Yin-Meridian mit einem kurzen Yin-Meridian wie *Tai Yin* – MP- und Lu-Meridian.

MB Dorsal: - Energiefülle im YIN
- Energieleere im YANG

Lenkergefäß / *Du Mai*

1. Tai Yang : Dü - Bl
2. Shao Yang : 3E - G
3. Yang Ming : Di - Ma

Tonisierende Striche mit dem AMM – Stäbchen:

Lenkergefäß

Dünndarm-Meridian und Blasen-Meridian links und rechts,

Dreifacher-Erwärmer-Meridian und Gallen-Meridian links und rechts,

Dickdarm-Meridian und Magen-Meridian links und rechts.

Der Endpunkt Dü-Meridian wird mit dem Anfangspunkt Bl-Meridian wie auf dem Foto ? verbunden.

Der Endpunkt 3E-Meridian wird mit dem Anfangspunkt Gb-Meridian wie auf dem Foto ? verbunden.

Der Di-Meridian wird nicht mit dem Ma-Meridian verbunden, da der Ma-Meridian als Yang Meridian durch das Yin Gebiet läuft. Da wir bei der MB dorsal die Energie nach oben ins Yang ziehen wollen.

Die Meridiane werden solange mit dem AMM – Stäbchen tonisiert, bis sich die Energie ausgeglichen hat und das Pferd Entspannungszeichen zeigt.

Lenkergefäß – *Du Mai*

Dünndarm-Meridian und Blasen-Meridian links und rechts

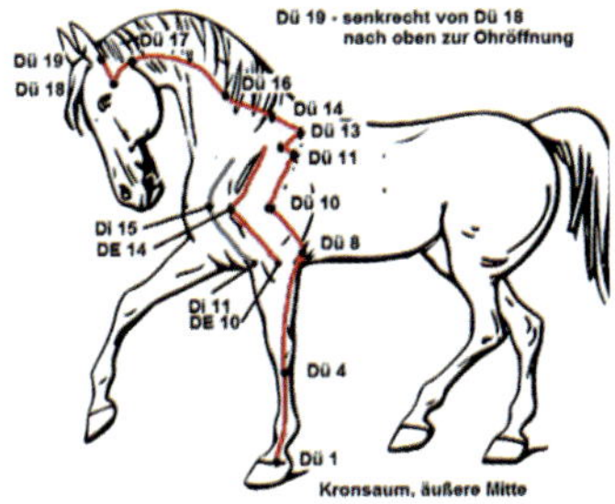

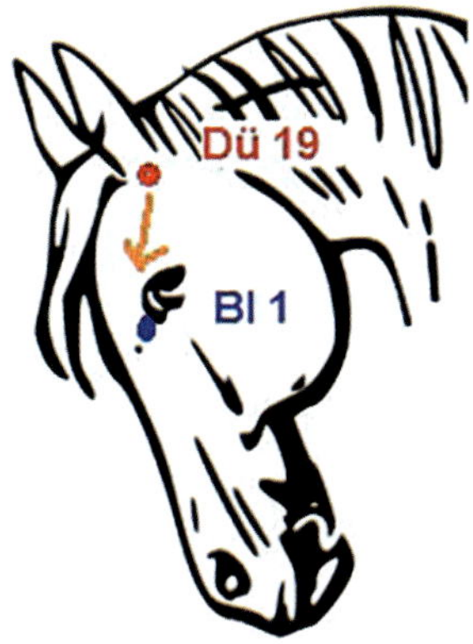

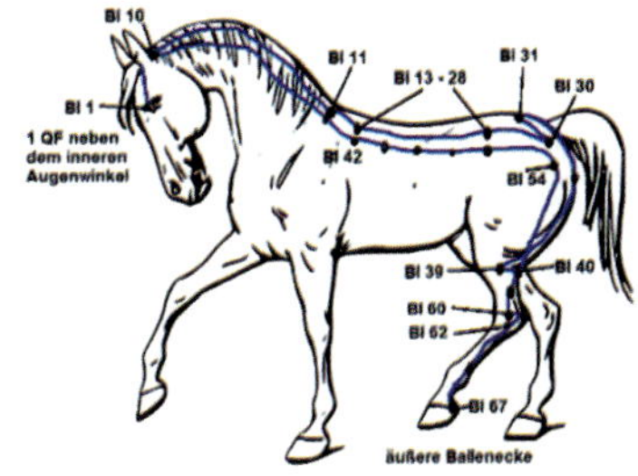

Dreifacher-Erwärmer-Meridian und Gallen-Meridian links und rechts

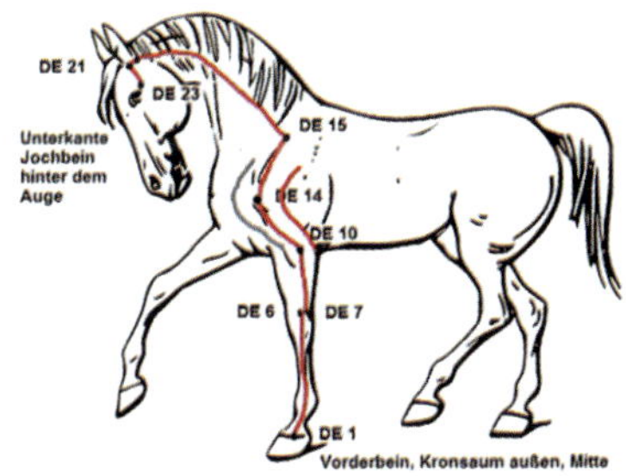

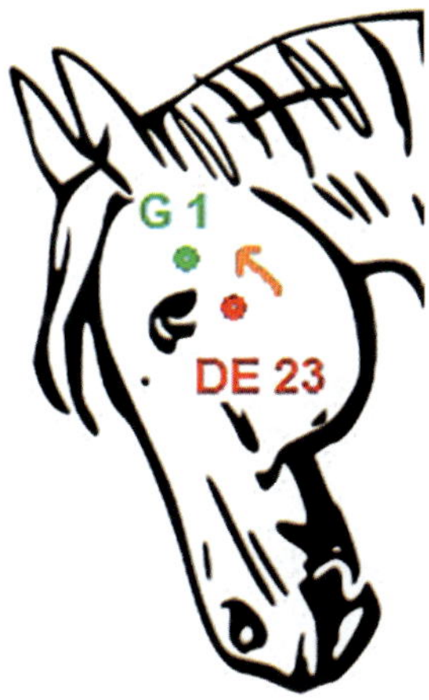

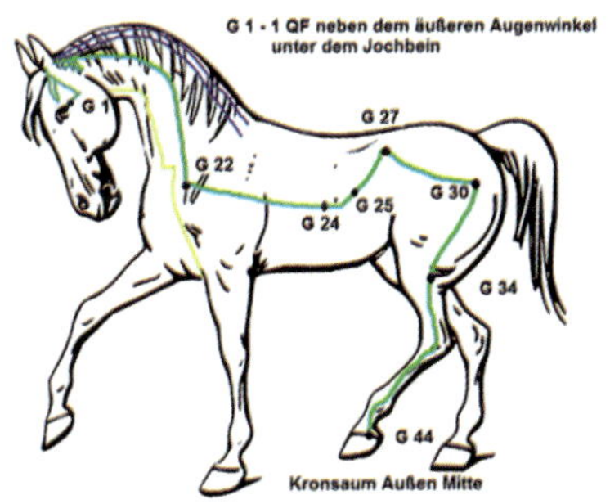

Dickdarm-Meridian links und rechts

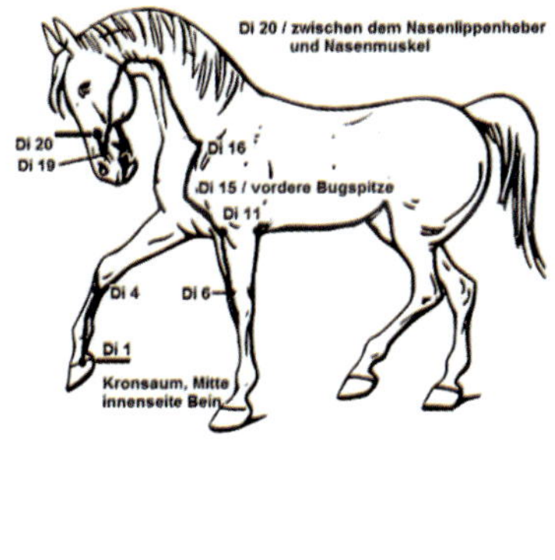

MB Ventral: - Energiefülle im YANG
- Energieleere im YIN

Konzeptionsgefäß / *Ren Mai*

4. Tai Yin : MP - Lu
5. Shao Yin : Ni - He
6. Jue Yin : Le - KS

Tonisierende Striche mit dem AMM – Stäbchen:

Konzeptionsgefäß,

Milz-Meridian und Lungen-Meridian links und rechts,

Nieren-Meridian und Herz-Meridian links und rechts,
Leber-Meridian und Kreislauf-Meridian links und rechts.

Der Endpunkt Mi-Meridian wird mit dem Anfangspunkt Lu-Meridian wie auf dem Foto ? verbunden.

Der Endpunkt Ni-Meridian wird mit dem Anfangspunk He-Meridian wie auf dem Foto ? verbunden.

Der Endpunkt Le-Meridian wird mit dem Anfangspunkt KS-Meridian wie auf dem Foto ? verbunden.

Die Meridiane werden solange mit dem AMM - Stäbchen tonisiert, bis sich die Energie ausgeglichen hat und das Pferd Entspannungszeichen zeigt.

Konzeptionsgefäß

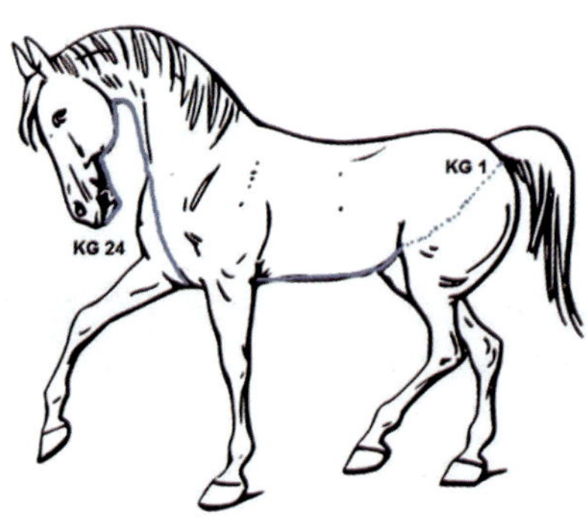

Milz/ Pankreas-Meridian und Lungen-Meridian links und rechts

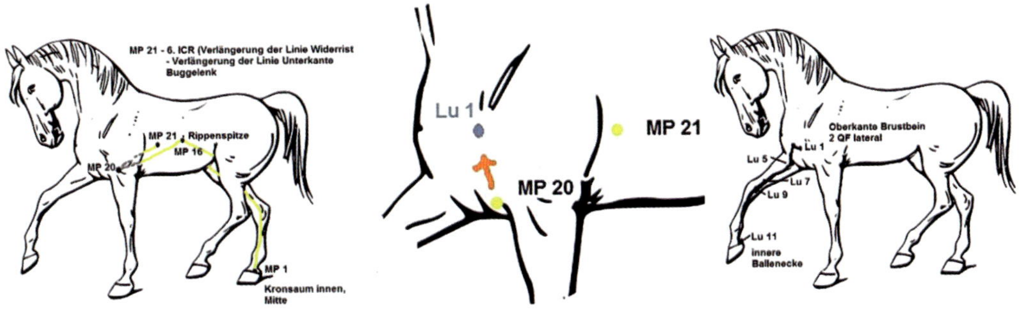

Nieren-Meridian und Herz-Meridian links und rechts

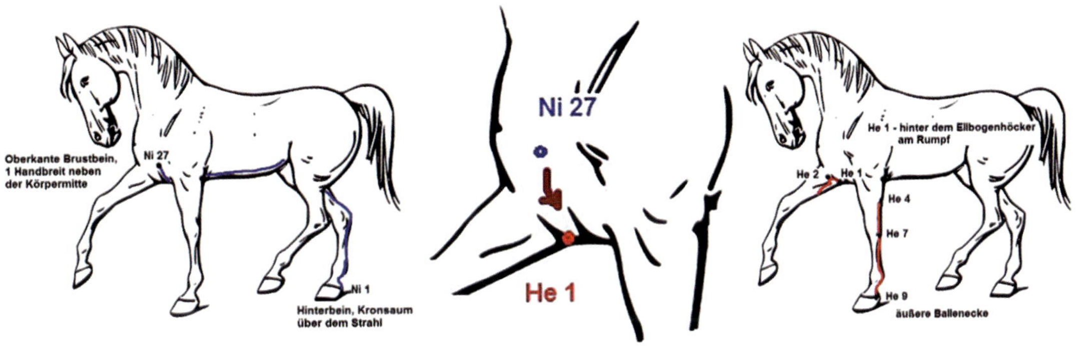

Leber-Meridian und Kreislauf/ Sexus-Meridian links und rechts

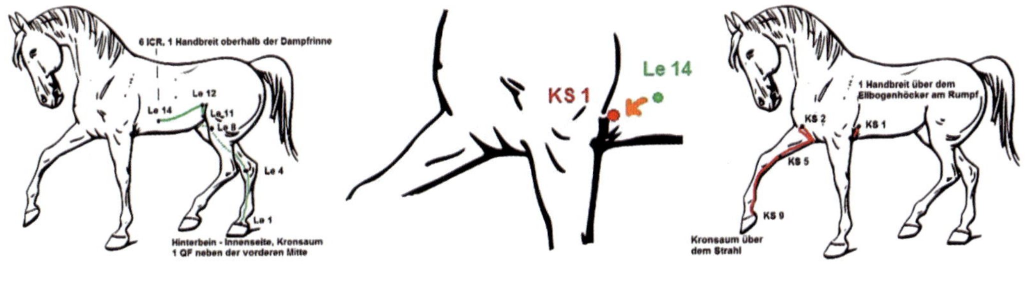

Die Zwei-Teilung kann einige male hintereinander durchgeführt werden, bis sich die Energie einigermaßen gleichmäßig verteilt hat. Wichtig ist das die drei Tage Ruhe eingehalten werden. An dem neuen Befund erkennen wir dann, ob nochmals eine Zwei-Teilung notwendig ist. Hat sich die Energie einigermaßen gut verteilt, können wir uns für eine Drei-Teilung entscheiden.

Die Drei – Teilung

Bei der Zwei-Teilung wird der Körper in oben – unten, links – rechts, vorne – hinten unterteilt. Ziel der Zwei-Teilung ist es, Energie zu verlagern. Wenn der „Innere Arzt" den *Ebbe-Flut-Effekt* ausgeglichen hat, geht es weiter zur – Drei-Teilung.

Ab der Drei-Teilung ist es nicht mehr notwendig dem Pferd eine längere Pause zu geben. Das Pferd kann nach der Behandlung sofort wieder geritten oder trainiert werden, da nicht der „Innere Arzt" aktiviert wird sondern die Energie ins Fließen gebracht wird.

Drei-Teilung

Das charakteristische an der **Drei-Teilung** sind die **Umläufe** und das **„Fließen lassen"** der Energie. Jeder Umlauf besteht aus 4 Meridianen, die jeweils direkt aufeinander folgen. Bei der Arbeit mit den Umläufen handelt es sich um eine **Kombination von Meridian- und Punktebehandlung**. Beim Betrachten der Organuhr erkennen wir drei Umläufe:

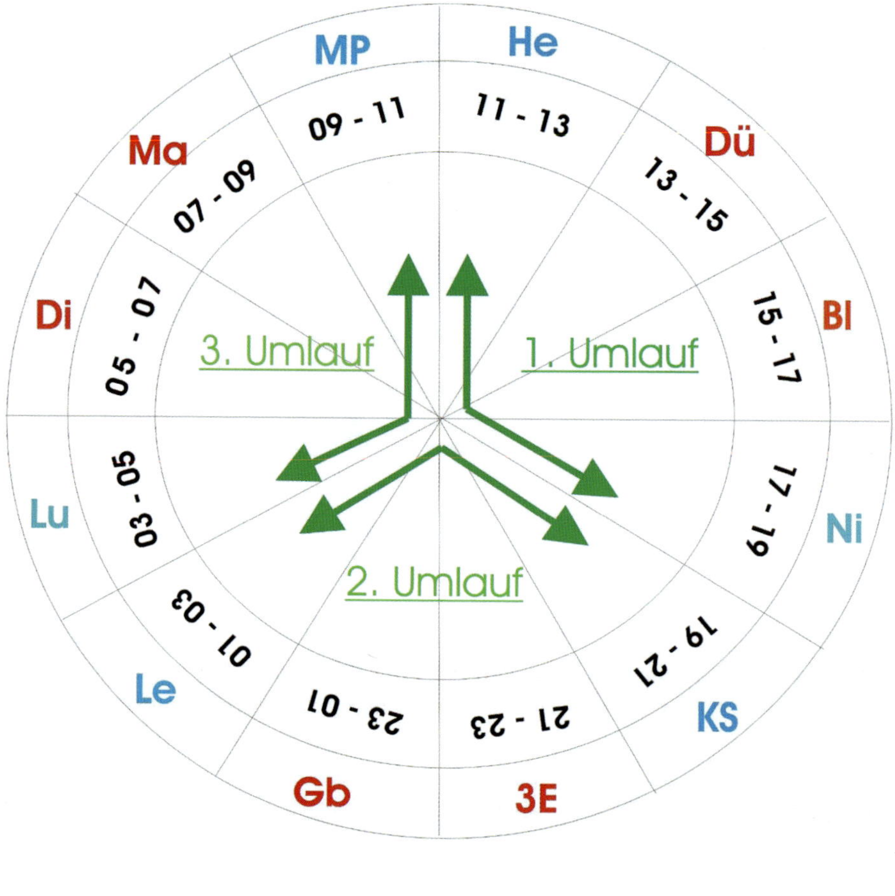

Ausgleich der Energie über die Umläufe:

1. Umlauf:
Herz-Meridian (He)
Dünndarm-Meridian (Dü)
Blasen-Meridian (Bl)
Nieren-Meridian (Ni)

2. Umlauf:
Kreislauf-Sexus-Meridian (KS)
Dreifacher-Erwärmer-Meridian (3E)
Gallen-Meridian (G)
Leber-Meridian (Le)

3. Umlauf
Lungen-Meridian (Lu)
Dickdarm-Meridian (Di)
Magen-Meridian (Ma)
Milz-Pankreas-Meridian (MP)

Jeder Umlauf beginnt mit einem **kurzen Yin-Meridian** im Brustbereich und endet wieder mit einem **langen Yin-Meridian** im Brustbereich.

Die Sondergefäße (Konzeptionsgefäß/ *Ren Mai*, Lenkergefäß/ *Du Mai* und Gürtelgefäß/ *Dai Mai*) sind in den Umläufen nicht integriert.

Organuhr (Maximal- und Minimalzeiten)
Zwischen 11:00 und 13:00 Uhr wird der Herz-Meridian maximal mit Energie durchflutet (Wellenberg). Zur gleichen Zeit befindet sich jedoch der Gallen-Meridian in einem Wellental, und wird minimal mit Energie versorgt.

Der Wellenberg durchzieht alle 2 Stunden einen Meridian. Innerhalb von 24 Stunden durchspült er alle 12 Meridiane.

Der Wellenberg lässt dem entsprechenden Meridian sehr viel Energie zuteil werden, das Wellental sehr wenig.

Arbeitsreihenfolge der Umläufe
Nach energetischem Befund werden erst die Umläufe mit dem Stäbchen behandelt, besonders gründlich sollten die Übergänge gezogen werden, da diese die Schwachstellen des Meridiansystems sind. Die Übergänge liegen alle am Kronsaum.

Haben sich die Symptome nicht eindeutig verändert, haben wir die Möglichkeit die Schleusenpunkte (Xie Fa – bewegend) zu behandeln. Die wichtigen Schleusen sind an den Beinen. Die Übergänge im Kopf und Brustbereich sind keine, da nach dem 6-Schichtenmodell hier die kurzen und langen Meridiane eine Schicht bilden. Zum Beispiel ist die erste Schicht Tai Yang also Dünndarm- und Blase-Meridian, die zweite Schicht ist Shao-Yang, Dreifacher Erwärmer- und Gallen-Meridian und so weiter.

Zusätzlich besteht nun noch die Möglichkeit den Umlauf mit dem Tonisierungspunkt besonders mit Energie aufzufüllen und bei Bedarf mit dem Quellpunkt zu verstärken.

Umläufe Behandlungsmöglichkeiten
1. mit Meridianen
2. mit Meridianen und Schleusen
3. mit Meridianen, Schleusen und Ton- und Quellpunkten
4. mit Meridianen und Ton- und Quellpunkten

Beispiel 1. Umlauf

1. Meridiane ziehen	He, Dü, Bl, Niere (Niere wieder mit Herz verbinden)
2. Schleusen Xie Fa	Schleusen immer Xie Fa (bewegen)
3. Schleuse Dü, Schleuse He	zuerst die Schleuse des nachfolgenden Meridians
4. Ton Quell He	eventuell Tonisierungs- und Quellpunkt
5. Ton Quell Dü	eventuell Tonisierungs- und Quellpunkt
6. Schleuse Ni, Schleuse Bl	zuerst die Schleuse des nachfolgenden Meridians
7. Ton Quell Bl	eventuell Tonisierungs- und Quellpunkt
8. Ton Quell Ni	eventuell Tonisierungs- und Quellpunkt

Bei den Schleusen ist immer darauf zu achten, dass erst die Schleuse des nachfolgenden Meridians geöffnet wird. Zuerst werden zum Beispiel die Meridiane Herz und Dünndarm in der Reihenfolge der Organuhr mit dem Stäbchen massiert. Danach werden die Schleusen am Kronsaum bewegend *(xie fa)* geöffnet. Man beginnt dabei immer mit dem nachfolgenden Meridian. In unserem Beispiel wäre das zuerst die Schleuse vom Dünndarm-Meridian gefolgt vom Herz-Meridian. Ein anderes Beispiel wäre Blasen- und Nieren-Meridian. Nachdem der Blasen- und Nieren Meridian in der Reihenfolge der Organuhr behandelt wurden beginnt man die Schleusen zu öffnen. Man öffnet zuerst die Schleuse des Nieren-Meridians, danach die Schleuse des Blasen-Meridians damit das *Qi* gleich ungehindert vom Blasen-Meridian in den Nieren-Meridian fließen kann. Ich weiß aus den Kursen das es oft am Anfang verwirrend ist, aber mit ein bisschen praktischer Übung wird es einfach und logisch.

Beispiel für Behandlungsmöglichkeiten mit der Drei-Teilung

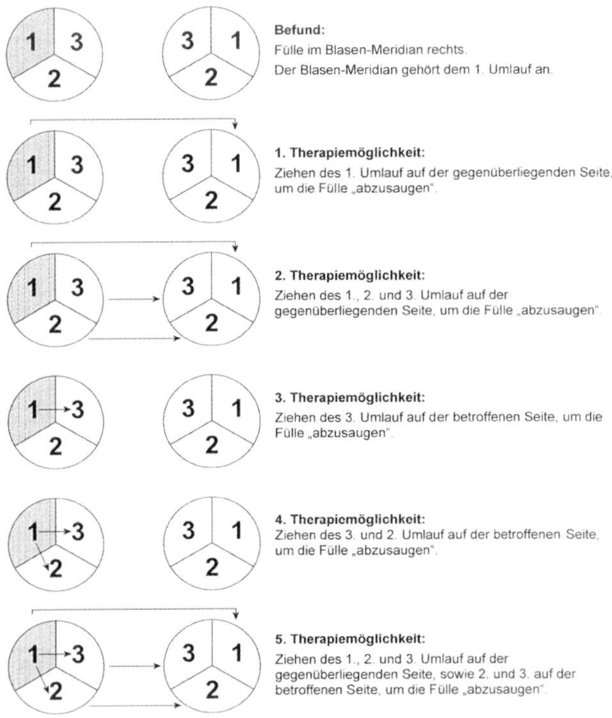

Diese Reihenfolge entspricht *keiner* Wertigkeitsreihenfolge!

Die Umläufe

Die verschiedenen Arten von Punkten und das Regulationsgeschehen

Wir unterscheiden bei jedem Meridian zwei Hauptpunkte und Spezialpunkte.

Die Akupunktur Punkte die wir bei der Drei-Teilung benötigen sind die Schleusenpunkte am Kronsaum, Tonisierungspunkte und die Quellpunkte. Jeder Meridian besitzt diese Punkte.

Bei der Arbeit mit Akupunkturpunkten ist es sehr wichtig die richtige Technik und die Konzentration auf das was man mit der Aktivierung des Punktes erreichen möchte.

Bei der Tonisierung *(bu fa)* eines Punktes gilt es diesen Punkt mit einem Pinsel oder einem Stäbchen im Uhrzeigersinn, also nach rechts kreisend zu massieren. Die Dauer beträgt cirka 10 Sekunden und der Punkt wird zügig und schnell massiert.

Bei der Ableitung *(xie fa)* wird der Akupunkturpunkt langsam gegen den Uhrzeigersinn, also nach links massiert. Die Dauer zur Aktivierung des Energieflusses-*Qi* erkennt man am Verhalten des Pferdes. Wenn das *Qi* fließt zeigt das Pferd eine Reaktion wie Schlecken oder Abkauen. Je nach Blockade kann dieser Prozess auch einige Minuten dauern. Dabei ist es natürlich wichtig, dass das Pferd durch nichts abgelenkt wird und sich voll auf die Behandlung konzentrieren kann.

Tonisierungspunkt:
Er liegt immer auf seinem zugehörigen Meridian und dient dazu, im Falle eines Mangels an Energie in seinem Meridian (und damit auch im zugehörigen Organ oder seiner Funktion) Energie dorthin zu bringen.

Quellpunkt:
Dieser Punkt dient zur Unterstützung des jeweiligen Hauptpunktes. Seine Wirkung ist abhängig vom seinem Hauptpunkt. In unserem Fall wird der Quellpunkt bei Bedarf nach dem Tonisierungspunkt verwendet.

In der Praxis sieht das so aus, dass zum Beispiel im Falle eines Energiemangels größeren Ausmaßes der Tonisierungspunkt alleine nicht ausreicht oder nicht schnell genug in der Lage ist, das energetische Defizit des betreffenden Meridians aufzufüllen. Um das auszugleichen wird dann der Quellpunkt eingesetzt.

Praktische Arbeit mit den Umläufen:

Bei Energiefülle:
Finden wir nach dem Befund einen Meridian in Energiefülle, suchen wir den Oppositions-Meridian, der auf der Organuhr gegenüberliegende Meridian (Mittag – Mitternacht – Regel). Dieser Meridian wird dann einem Umlauf zugeordnet. Zum Beispiel ist der Blasen-Meridian im 1. Umlauf im Energiefülle wäre der Oppositions-Meridian der Lungen-Meridian im 3. Umlauf. Oder wäre der Gallen-Meridian im 2. Umlauf in Energiefülle ist sein Oppositions-Meridian der Herz-Meridian im 1. Umlauf.

Danach wird die Energie in den zugeordneten Umlauf verlagert. Und wenn nötig auch in den nächstfolgenden Umlauf. (siehe Beispiele der Behandlungsmöglichkeiten bei der Drei-Teilung. Jeden Meridian kann dann noch zusätzlich mit den Schleusenpunkten, Tonisierungspunkten und Quellpunkten gestärkt werden.

Nach jedem Umlauf sollte allerdings der Abbau der Energiefülle kontrolliert werden.

Bei Energieleere:
Finden wir nach dem Befund einen Meridian in Energieleere, ordnen wir den Meridian seinem Umlauf zu. Danach behandeln wir den Umlauf mit Akupunkt Meridian Massage um den leeren Umlauf wieder aufzufüllen. Ist zum Beispiel der Blasen-Meridian in Ener-

gieleere ordnen wir den Meridian im 1. Umlauf zu und stärken den 1.Umlauf. Wenn nötig öffnen wir noch die Schleusen am Kronsaum und verwenden die Tonisierungspunkte und die Quellpunkte. Oder wäre der Gallen-Meridian in Energieleere, ordnen wir den Meridian dem 2. Umlauf zu und stärken den 2. Umlauf. Auch hier haben wir dann die Möglichkeit über die Schleusen am Kronsaum sowie den Tonisierungspunkte und den Quellpunkten noch mehr Energie/ *Qi* in diesen Umlauf zu ziehen und zu bewegen.

Danach wird die Energie in den zugeordneten Umlauf verlagert. Und wenn nötig auch in den nächstfolgenden Umlauf. (siehe Beispiele der Behandlungsmöglichkeiten bei der Drei-Teilung. Jeden Meridian kann dann noch zusätzlich mit den Schleusenpunkten, Tonisierungspunkten und Quellpunkten gestärkt werden.

Auch hier beim Auffüllen eines Umlaufes ist es wichtig immer einen Zwischentastbefund zu machen.

Weitere Akupunkturpunkte

Sedierungspunkt:
Er liegt immer auf seinem zugehörigen Meridian und dient dazu, im Falle eines Überschusses an Energie im betreffenden Meridian diese abzuleiten. Ist zum Beispiel eine Energiefülle im Leber-Meridian kann man über den Punkt Le 2 *Xiang Jian* diese Fülle ableiten.

Durchgangspunkt - *Luo* – Punkt:
Der Luo-Punkt dient zum Ausgleich der Energie zwischen zwei gekoppelten Meridianen. Zwischen einem Yin-Meridian und einem Yang-Meridian.

Vorzüglicher Punkt
Die Vorzüglichen Punkte bewirken eine Harmonisierung innerhalb des Meridians. Sie können bei Energiefülle als auch bei Energieleere eingesetzt werden. Sie eignen sich auch bei emotionalen Belastungen, die auf das energetische Bild einen Einfluss haben.

Punkte des 1. Umlaufs

Herz-Meridian (He) - Xin

Nr.	Chin. Name	Deut. Name	Funktion	Lokalisation
He 1	*Ji Quan*	Höchste Quelle	**Anf**	hinter dem Ellenbogenhöcker am Rumpf
He 5	*Tong Li*	Innere Verbindung	**Luo**	2 QF oberhalb Karpalgelenk im hinteren ¼ des Beines außen
He 7	*Shen Men*	Tor des Geistes	**Quell** **VP** **Sed**	Mitte Karpalgelenk außen, zwischen den ulnaren Strecksehen
He 9	*Shao Chong*	Kleines Yin	**End** **Ton**	äußere Ballenecke

Dünndarm-Meridian (Dü) – Xiao Chang

Nr.	Chin. Name	Deut. Name	Funktion	Lokalisation
Dü 1	*Shao Ze*	Kleiner Sumpf	**Anf**	Kronsaum, äußere Mitte
Dü 3	*Hou Xi*	Hinterer Fluss	**Ton** **VP** **Kard Lenkergefäß/ *Du Mai***	Oberkante Fesselkopf, Mitte
Dü 4	*Wan Gu*	Handgelenksknochen	**Quell**	Unterkante Karpalgelenk, Mitte, 1 QF nach oben
Dü 7	*Zhi Zheng*	Ast zum He-Meridian	**Luo**	Halbierungsstrecke Karpalgelenk und Ellenbogenhöcker
Dü 8	*Xao Hai*	Kleines Meer	**Sed**	auf der hinteren Kante des Ellenbogenhöckers
Dü 19	*Ting Gong*	Palast des Hörens	**End**	Ohröffnung

Blasen-Meridian (Bl) – Pan Guan

Nr.	Chin. Name	Deut. Name	Funktion	Lokalisation
Bl 1	*Jing Ming*	Augenglanz	**Anf**	1 QF neben dem inneren Augenwinkel
Bl 58	*Fei Yang*	Hochfliegen	**Luo**	Kniekehle 1 Handbreite nach unten neben der Achilles-sehne, Beinaußenseite
Bl 60	*Kun Lun*	Kunlun Berge	**VP**	Oberkante Sprunggelenk in der tiefsten Grube
Bl 64	*Jing Gu*	Hauptkno-chen	**Quell**	oberer Übergang Schaft/ Kopf des Röhrbeins im hinte-ren Drittel der Beinaußen-seite
Bl 65	*Su Gu*	Gebundener Knochen	**Sed**	Oberkante Fesselkopf vor der Zehenbeuger-Sehne
Bl 67	*Zhi Yin*	Erreichen des Yin	**End Ton**	äußere Ballenecke

Nieren-Meridian (Ni) - Shen

Nr.	Chin. Name	Deut. Name	Funktion	Lokalisation
Ni 1	*Yong Quan*	Sprudelnde Quelle	**Anf Sed**	Hinterbein, Kronsaum über dem Strahl
Ni 3	*Tai Xi*	Großer Wild-bach	**Quell VP**	Oberkante Sprunggelenk, Übergang Schienbein – Fersenbein
Ni 4	*Da Zhong*	Großer Becher	**Luo**	Oberkante Fersenbein
Ni 7	*Fu Liu*	zurückfließen-der Strom	**Ton**	1 Handbreit über der Ober-kante des Sprunggelenks am Vorderrand der Achilles-sehne
Ni 27	*Shu Fu*	Herrenhaus des Transport-punktes	**End**	Oberkante Brustbein, 1 Handbreit neben der Körper-mitte

Herz-Meridian

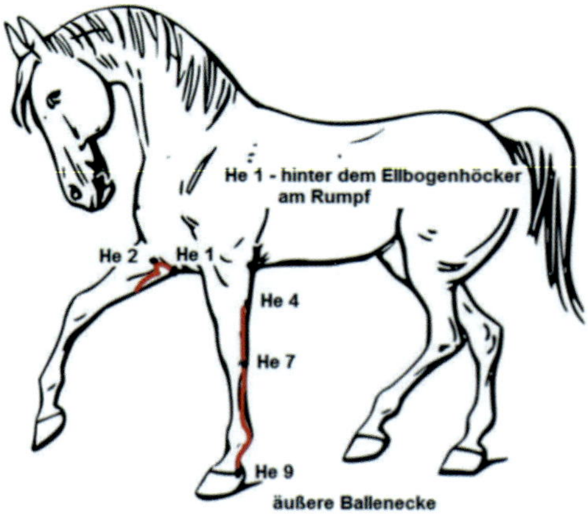

Dünndarm-Meridian

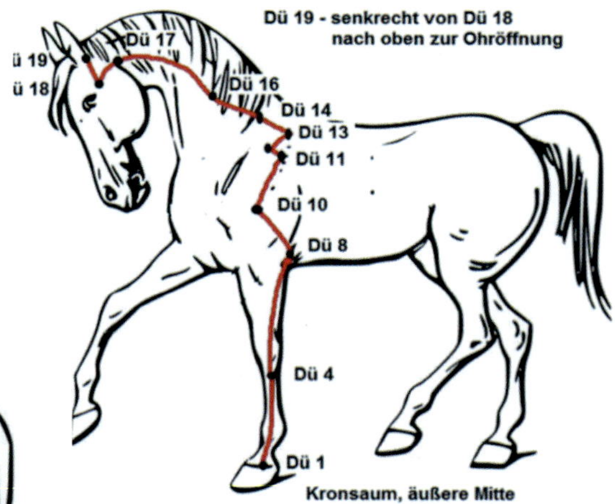

Blasen-Meridian

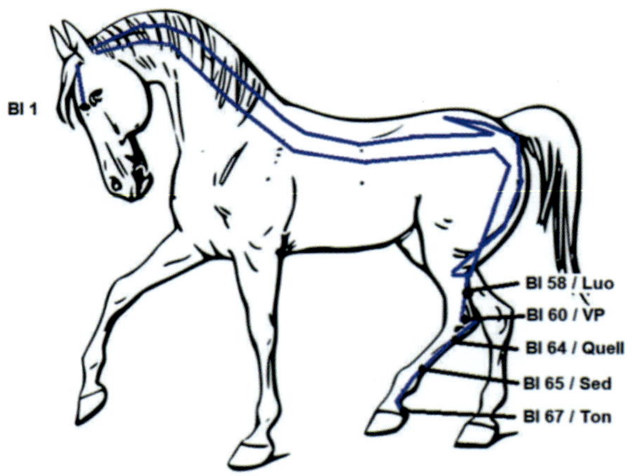

Nieren-Meridian

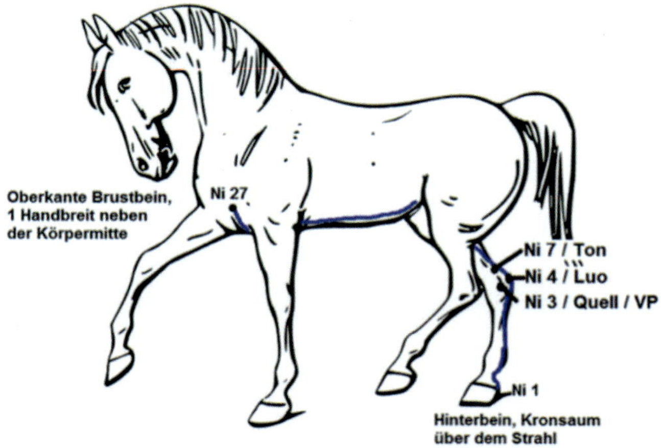

Punkte des 2. Umlaufs

Kreislauf-Sexus-Meridian (KS) – Xin Bao

Nr.	Chin. Name	Deut. Name	Funktion	Lokalisation
KS 1	*Tian Chi*	Himmlischer Weiher	**Anf**	1 Handbreite über dem Ellenbogenhöcker, am Rumpf
KS 6	*Nei Guan*	Inneres Tor	**VP** **Luo**	2 QF über d. Oberkante Karpalgelenk zw. dem radialen und ulnaren Beuger des Karpalgelenks, Beininnenseite
KS 7	*Da Ling*	Großer Hügel	**Quell** **Sed**	Beininnenseite Übergang Vorderfußknochen/ Speiche im hinteren 1/3 des Beines
KS 9	*Zhong Chong*	Zentraler Ansturm	**End** **Ton**	Kronsaum über dem Strahl

Dreifacher Erwärmer-Meridian (3E) – San Jiao

Nr.	Chin. Name	Deut. Name	Funktion	Lokalisation
3E 1	*Guan Chong*	Tor Ansturm	**Anf**	Vorderbein, Kronsaum außen, 1 QF neben der vorderen Beinmittellinie
3E 3	*Zhong Zhu*	Mittlere kleine Insel	**Ton** **VP**	Oberkante Fesselkopf 1-2 QF neben der vorderen Mittellinie vor der Zehenbeugersehne
3E 4	*Yang Chi*	Yang Teich	**Quell**	Mitte Karpalgelenk 2 QF neben der vorderen Mitte
3E 5	*Wai Guan*	Äußeres Tor	**Luo**	Oberkante Karpalgelenk 2 QF neben der vorderen Mitte
3E 10	*Tian Jing*	Himmlische Quelle	**Sed**	Beinaußenseite –Ellenbogengelenksspalt
3E 23	*Sizhu Kong*	Seidenbambus-Loch	**End**	Unterkante Jochbein hinter dem Auge

Kreislauf-Sexus-Meridian (KS) – Xin Bao

Nr.	Chin. Name	Deut. Name	Funktion	Lokalisation
G 1	*Tong Zi Liao*	Pupillenspalte	**Anf**	1 QF neben dem äußeren Augenwinkel unter dem Jochbein
G 34	*Yang Ling Quan*	Quelle am Yang Hügel	**VP**	Beinaußenseite Mitte- Höhe Kniekehle (Ende Wadenbein)
G 37	*Guang Ming*	Helles Licht	**Luo**	Unterschenkelmitte
G 38	*Yang Fu*	Yang Unter-stützung	**Sed**	2 QF unter der Unterschen-kelmitte
G 40	*Qiu Xu*	Hügelruinen	**Quell**	Sprunggelenk Mitte
G 41	*Xia Xi*	Fließende Tränen	**Kard** **GüG**	Beinaußenseite Mitte am ober Übergang Schaft-Kopf vom Röhrbein
G 43	*Zu Lin Qi*	Hineinge-zwängter Strom	**Ton**	Beinaußenseite Mitte, Unter-kante Fesselkopf
G 44	*Zu Qiao Yin*	Yin Öff. des Fußes	**End**	Kronsaum Außen Mitte

Leber-Meridian (Le) – Gan

Nr.	Chin. Name	Deut. Name	Funktion	Lokalisation
Le 1	*Da Dun*	Großes Dickes	**Anf**	Hinterbein – Innenseite, Kronsaum 1 QF neben der vorderen Mitte
Le 2	*Xing Jian*	Vorüber-gehendes Dazwischen-treten	**Sed**	Unterkante Fesselkopf - vorderes Beindrittel
Le 3	*Tai Chong*	Großes Bran-den	**Quell** **VP**	Halbierungsstrecke Röhr-bein, vorderes Beindrittel
Le 5	*Li Gou*	Kürbisgraben	**Luo**	Schienbeininnenseite, 1 Handb. über der Oberkante Sprunggelenk

Le 8	*Qu Quan*	Quelle an der Biegung	**Ton**	Innenseite, 1 QF vor dem Kniegelenksspalt
Le 14	*Qi Men*	Tor des Zyklus	**End**	6.ICR, 1 Handbreite über Dampfrinne

Kreislauf Sexus-Meridian – Dreifacher Erwärmer-Meridian

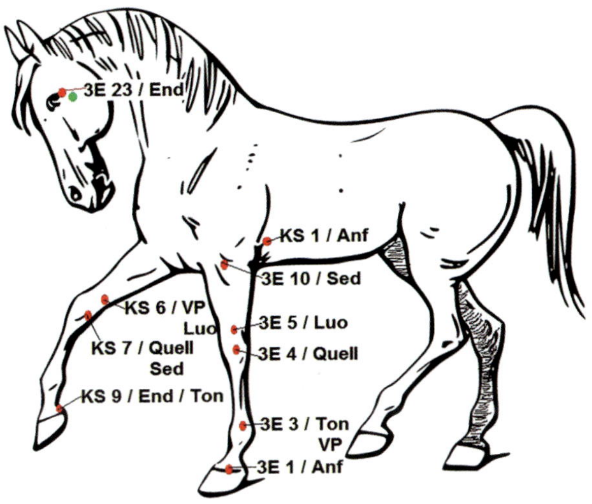

Gallen-Meridian – Leber-Meridian

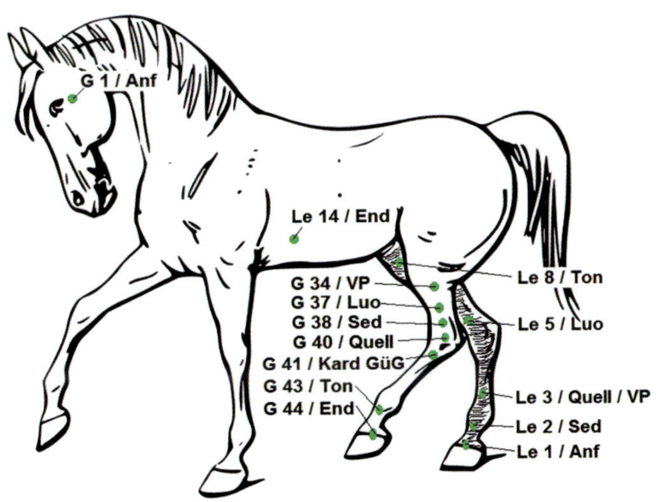

Punkte des 3. Umlaufs

Lungen-Meridian (Lu) – Fei

Nr.	Chin. Name	Deut. Name	Funktion	Lokalisation
Lu 1	*Zhong Fu*	Zentrale Residenz	**Anf**	Oberkante Brustbein, 2 QF lateral
Lu 5	*Chi Ze*	Ellenbeugensumpf	**Sed**	lateral der, Biceps-Sehne am Übergang Rumpf / Bein
Lu 7	*Lie Que*	Unterbrochene Reihenfolge	**Luo** **Kard KG**	2 QF über der Oberkante Karpalgelenk, 2 QF vor der hinteren Beinmitte
Lu 9	*Tai Yuan*	Großer Abgrund	**Ton** **Quell** **VP**	2 QF unter der Oberkante Karpalgelenk, 2 QF vor der hinteren Beinmitte
Lu 11	*Shao Shang*	Geringeres Metall	**End**	Innere Ballenecke

Dickdarm-Meridian (Di) – Da Chang

Nr.	Chin. Name	Deut. Name	Funktion	Lokalisation
Di 1	*Shang Yang*	Metall Yang	**Anf**	Kronsaum / Innenseite Bein / Mitte
Di 2	*Er Jian*	Zweites Intervall	**Sed**	Unterkante Fesselkopf, Mitte
Di 4	*He Gu*	Talverbindung	**Quell** **VP**	Unterkante Karpalgelenk, Mitte Röhrbein
Di 6	*Pian Li*	Schräge Verbindung	**Luo**	Vordere Beinmittellinie 1 QF lateral 3 QF oberhalb Oberkante Karpalgelenk
Di 11	*Qu Chi*	Gewundener Teich	**Ton**	Unterkante des 3-köpfigen Oberarmmuskels – 3 QF vor der seitlichen Mitte des Beins
Di 20	*Ying Xian*	Empfang des Duftes	**End**	zwischen dem Nasenlippenheber und Nasenmuskel

Magen-Meridian (Ma) – Wei

Nr.	Chin. Name	Deut. Name	Funktion	Lokalisation
Ma 1	*Cheng Qi*	Tränenbehälter	**Anf**	untere Augenarkade Mitte
Ma 36	*Zu San Li*	Drei Meilen des Fußes	**VP**	1 Handbreit unter dem äußeren Rand der Kniescheibe
Ma 40	*Feng Long*	Reiche Wölbung	**Luo**	Unterschenkelmitte, 3 QF lateral der vorderen Beinmitte
Ma 41	*Jie Xi*	Teilender Strom	**Ton**	neben dem äußeren Seitenband des Sprunggelenks in einer Vertiefung
Ma 42	*Chong Yang*	Brandendes Yang	**Quell**	2 QF unter Ma 41 in einer Vertiefung
Ma 45	*Li Dui*	Kranker Mund	**End** **Sed**	Kronsaum, 1 QF neben der vorderen Beinmitte

Milz-Pankreas-Meridian (MP) – Pi

Nr.	Chin. Name	Deut. Name	Funktion	Lokalisation
MP 1	*Yin Bai*	Verborgenes Weißes	**Anf**	Kronsaum innen, Mitte
MP 2	*Da Du*	Große Hauptstadt	**Ton**	Unterkante Fesselkopf – Mitte
MP 3	*Tai Bai*	Großes Weiß	**Quell**	Oberkante Fesselkopf - Mitte
MP 4	*Gong Sun*	Kleine Verbindungs-Gefäße	**Luo**	Röhrbein, Übergang Schaft – Kopf unter dem Karpalgelenk
MP 5	*Shang Qiu*	Goldhügel	**Sed**	1 QF senkrecht über MP 4
MP 6	*San Yin Jiao*	Treffen der drei Yin	**VP**	1 Handbreite über der Oberkante Sprunggelenk, Hinterrand des Schienbeins
MP 21	*Dabao*	Allgemeine Kontrolle	**End**	6. ICR (Verlängerung der Linie Ende Widerrist – Verlängerung der Linie Unterkante Buggelenk)

Lungen-Meridian – Dickdarm-Meridian

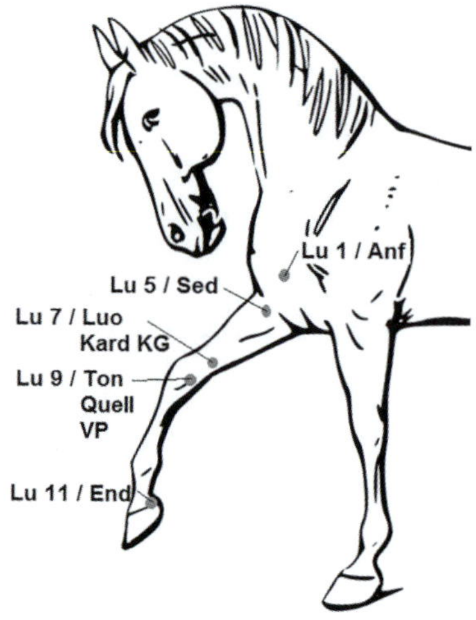

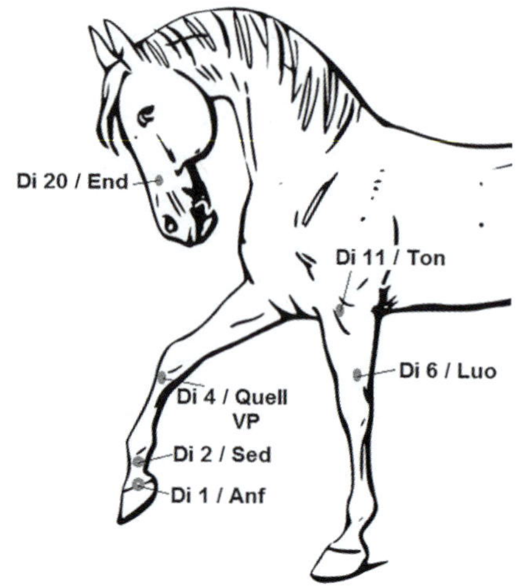

Magen-Meridian – Milz-Meridian

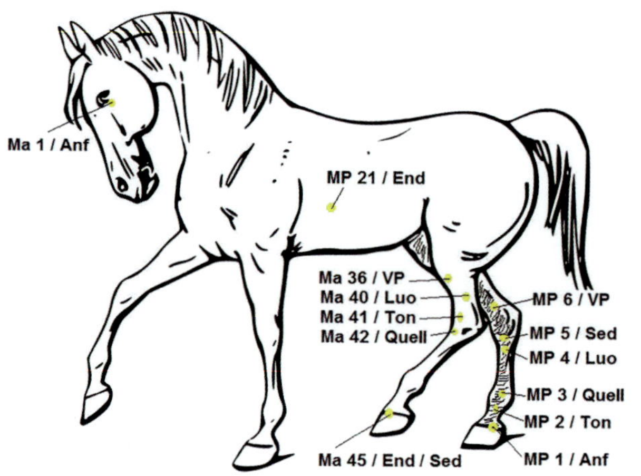

Sechs – Teilung

Das Arbeiten mit den Luo-Punkten

Der Luo-Punkt dient zum **Ausgleich der Energie** zwischen zwei gekoppelten Meridianen. **Zwischen einem Yin-Meridian und einem Yang-Meridian.**

Gekoppelt sind zum Beispiel Herz und Dünndarm, Blase und Niere, Kreislauf und Dreifacher- Erwärmer und Galle und Leber. Das Gleiche gilt auch für Lunge und Dickdarm und soweiter.

Der Luo-Punkt wird dann eingesetzt, wenn in einem Meridian eine **energetische Fülle**, in seinem gekoppelten aber eine **energetische Leere** herrscht.

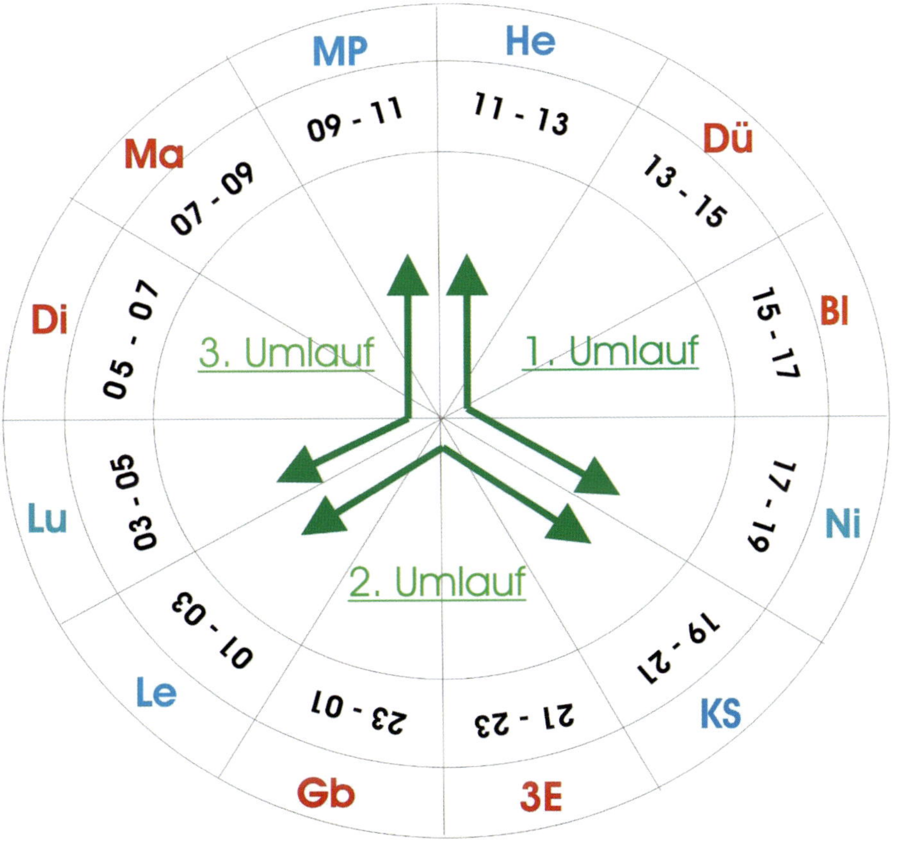

Im Allgemeinen wird vom **energiereichen zum energiearmen Meridian abgeleitet.**

Durch den Luo-Punkt spart man im Falle unterschiedlicher energetischer Verhältnisse in zwei gekoppelten Meridianen Punkte ein. Denn sonst müsste man im energiestarken Meridian den Sedierungspunkt mit dem Quellpunkt, im energieschwachen Meridian den Tonisierungspunkt mit dem Quellpunkt verwenden.

He 5 – *Tongli* – Verbindung nach Innen - **Dü 7** – *Zhizheng* – Ast des Hauptmeridians

Bl 58 – *Feiyang* – Fliegendes Yang - **Ni 4** – *Dazhong* – Großer Becher

KS 6 – *Neiguan* – Innere Grenze - **DE 5** – *Weiguan* – Äußerer Pass

G 37 – *Guangming* – Strahlendes Licht - **Le 5** – *Ligou* – Holzwurm Graben

Lu 7 – *Lieque* – Lückenspalte - **Di 6** – *Pianli* – Schräger Verlauf

Ma 40 – *Fenglong* – Reiche Fülle - **MP 4** – *Gongsun* – Enkel des Fürsten

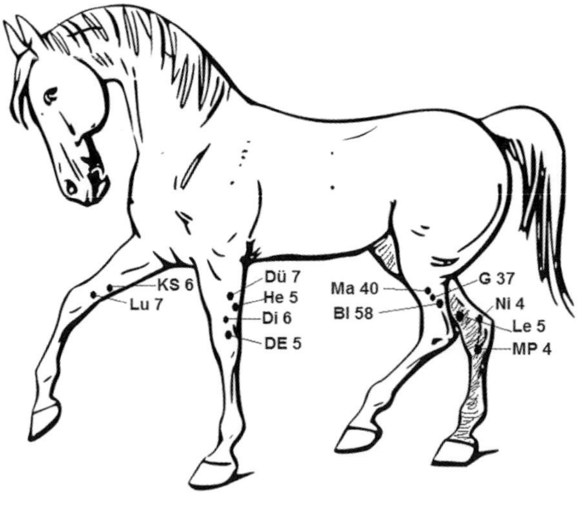

Eine weitere Möglichkeit ist die gemeinsame Verwendung Luo und Quellpunkten. Diese Kombination ist in der Praxis auch als „Gastgeber- und Gast-Kombination" bekannt. Einige Beispiele die auch in der Praxis häufig verwendet werden sind:

Di 4 *Hegu* Quell und Lu 7 *Lieque* Luo: Diese Kombination verwendet man häufig wenn äußerer pathogener Wind in die Körperoberfläche eingedrungen ist. Di 4 *Hegu* leitet den eingedrungenen pathogenen Wind aus und Lu 7 *Lieque* leitet sowohl den pathogenen Einfluss aus und stellt die absenkende und verteilende Funktion der Lunge wieder her.

Lu 9 *Taiyuan* Quell und Di 6 *Pianli* Luo: Di 6 ist ein wichtiger Punkt um die Wasserwege zu öffnen und zu regulieren wenn pathogener Wind die Lungenfunktion stört und es zu Ödemen kommt. Der Punkt Lu 9 stärkt dann die Lungenschwäche.

Mi 3 *Taibai* Quell und Ma 40 *Fenglong* Luo: Milzschwäche ist eine grundlegende Ursache für die Bildung von Schleim. Der Punkt Mi 3 stärkt die Milz und Ma 40 ist der Hauptpunkt um Schleim aufzulösen.

Le 3 *Taichong* Quell und Gb 37 *Guanming* Luo: Die Leber öffnet sich in den Augen und Leber-Blut-Mangel, Leber-Yin-Mangel oder Leber-Feuer können alle zu Augenstörungen führen. Der Punkt Le 3 kann diese Muster der Leber regulieren und Gb 37 *Guanming* (helles Licht) unterstützt die Augen.

Es gibt auch Empfehlungen der Kombination des Quellpunktes und des Luo-Punktes auf den Yin-Meridianen. Zum Beispiel Lu 9 Quell und Lu 7 Luo bei chronischen Husten. Lu 9 tonisiert die Lunge bei einem Leere-Muster und Lu 7 beseitigt die Erkrankung aus den Luo-Verbindungsleitbahnen.

Vorzüglicher Punkt

Die Vorzüglichen Punkte bewirken eine Harmonisierung innerhalb des Meridians. Sie können bei Energiefülle als auch bei Energieleere eingesetzt werden. Sie eignen sich auch bei emotionalen Belastungen, die auf das energetische Bild einen Einfluss haben.

Wenn die Vorzüglichen Punkte verwendet werden, dann **ALLE**.

He 7	-	*Shenmen*	-	Tor des Geistes
Dü 3	-	*Houxi*	-	Hintere Schlucht
Bl 60	-	*Kunlun*	-	Kunlun Gebirge
Ni 3	-	*Taixi*	-	Großer Bach
KS 6	-	*Neiguan*	-	Innere Grenze
DE 3	-	*Zhongzhu*	-	Mittlere Insel
G 34	-	*Yanglingquan*	-	Yang Hügel Quelle
Le 3	-	*Taichong*	-	Höchster Angriffspunkt
Lu 9	-	*Taiyuan*	-	Großer Wasserschlund
Di 4	-	*Hegu*	-	Talverbindung
Ma 36	-	*Zusanli*	-	Drei Entfernungen am Fuß
MP 6	-	*Sanyinjiao*	-	Treffen der drei Yin

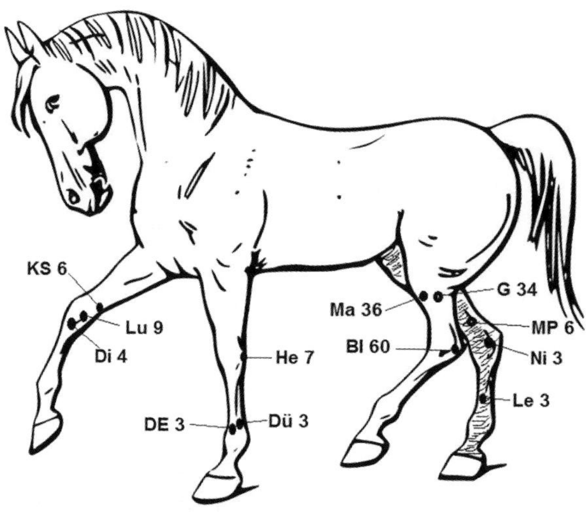

Zustimmungs – *Shu* – Punkt

Die zwölf Zustimmungspunkte/ Rücken-*shu*-Punkte sind mit den 12 Organen verbunden und liegen auf dem Rücken im Verlauf des Blasen-Meridians, 1 Handbreite neben der Mittellinie.

Die Zustimmungspunkte liegen alle auf dem inneren Ast des Blasen-Meridians, links und rechts der Dornfortsätze. Sie sind sowohl bei akuten als auch bei chronischen Erkrankungen der jeweiligen Meridiane und Organe zu verwenden. Man kann sie also sowohl für die Behandlung von Störungen der Organe verwenden als auch des zugehörigen Meridians.

Die erste Erwähnung der Zustimmungspunkte/ Rücken-*shu*-Punkte ist in dem Werk „Der Gelbe Kaiser und die Innere Medizin" – *Huang Di Nei Jing* – zu finden. Heute gilt das Buch als eine Kompilation aus der Zeit um 300 v. Chr.

Der Begriff Rücken-*shu*-Punkt bedeutet transportieren und der Name jedes Punktes besteht aus dem Namen seines verbundenen Organs gefolgt von *shu*. Zum Beispiel der Zustimmungspunkt/ Rücken-*shu*-Punkt der Lunge *fei*, Bl 13 heißt *feishu*. Das bedeutet, dass die Energie – *Qi* zwischen der Lunge und diesem Punkt transportiert wird.

Zusätzlich gibt es noch Punkte dazwischen, die keinem Organ zugeordnet werden. Diese werden auch nicht oft in der Literatur der Zustimmungspunkte/ Rücken-*shu*-Punkte aufgelistet:

- Bl 16 *dushu* – Lenkergefäß/ *Du Mai*
- Bl 17 *geshu* – Zwerchfell
- Bl 24 *qihaishu* – Meer des *Qi*
- Bl 26 *guanyuanshu* – Tor der Ursprungsenergie
- Bl29 *zhonglushu* – Transportpunkt zu der mittleren Rückenregion
- Bl 30 *baihuanshu* – Transportpunkt des weißen Ringes

Die Zustimmungspunkte/ Rücken-*shu*-Punkte liegen in etwa auf der gleichen anatomischen Höhe wie ihr zugeordnetes Organ.

Diagnostisch reagieren die Zustimmungspunkte/ Rücken-*shu*-Punkte druckauffällig bei Störungen des zugeordneten Organs.

Therapeutisch verwenden wir sie bei chronischen und akuten Erkrankungen der zugeordneten Organe, bei Kälte-Erkrankungen oder bei Mangel-Erkrankungen und Erkrankungen der Sinnesorgane. Zum Beispiel bei Augenerkrankungen verwenden wir Bl 18 *ganshu* Zustimmungspunkt der Leber.

Bei Fülle Mustern werden die Zustimmungspunkte/ Rücken-*shu*-Punkte ableitend also *xiefa* behandelt und bei Mangel Mustern stärkend *bufa*. Bei Mangel oder Kälte Mustern kann zusätzlich noch Moxibustion angewendet werden. Zum Beispiel bei Kotwasser wird hinten auf der Kruppe Moxibustion angewendet. Dort befindet sich der Zustimmungspunkt/ Rücken-*shu*-Punkt Bl 25 – Dickdarm.

Es ist auch zu beachten, dass eine ableitende *xiefa* Behandlung der Zustimmungspunkte/ Rücken-*shu*-Punkte zu Ermüdung des Pferdes führen kann.

Lu = Bl 13	**KS** = Bl 14	**He** = Bl 15	**Le** = Bl 18
G = Bl 19	**MP** = Bl 20	**Ma** = Bl 21	**DE** = Bl 22
Ni = Bl 23	**Di** = Bl 25	**Dü** = Bl 27	**Bl** = Bl 28

Bl 13 *Feishu* – Zustimmungspunkt/ *Shu*-Punkt Lunge
Lokalisation: 8. ICR, hinterer Schulterblattknorpel, 1 Handbreite neben dem Lenkergefäß - *Du Mai*
Wirkung: Tonisiert das Lungen-*Qi*
Senkt und verteilt das Lungen-*Qi*
Befreit die Oberfläche
Klärt Hitze aus der Lunge
Indikationen: Husten, Abhusten von Schleim Schleim, Asthma, undulierendes Fieber, Erkrankungen mit Auszehrung und Durst, Juckreiz der Haut, Urtikaria

Bl 14 *Jueyinshu* – Zustimmungspunkt/ *Shu*-Punkt Kreiskauf Sexus/ Perikard
Lokalisation: 9. ICR, 1 Handbreite neben dem Lenkergefäß - *Du Mai*
Wirkung: Verteilt das Leber-*Qi* und befreit den Thorax
Reguliert das Herz
Reguliert und senkt das *Qi*
Indikationen: Schmerzen im Thorax und im Zwerchfell, Ruhelosigkeit, Kurzatmigkeit

Bl 15 *Xinshu* – Zustimmungspunkt/ *Shu*-Punkt Herz
Lokalisation: 10. ICR, 1 Handbreite neben dem Lenkergefäß - *Du Mai*
Wirkung: Tonisiert das Herz
Beruhigt den Geist
Klärt Hitze-Feuer
Indikationen: Beklemmungsgefühl im Thorax mit Ruhelosigkeit, Husten, Tränenfluss, Augenschmerzen

Bl 16 *Dushu* – Zustimmungspunkt/ *Shu*-Punkt Lenkergefäß *Du Mai*
Lokalisation: 11. ICR, 1 Handbreite neben dem Lenkergefäß - *Du Mai*
Wirkung: Reguliert das *Qi* im Thorax und Abdomen
Indikationen: Darmgeräusche, Juckreiz

Bl 17 *Geshu* – Zustimmungspunkt/ *Shu*-Punkt Zwerchfell
Lokalisation: 12. ICR, 1 Handbreite neben dem Lenkergefäß - *Du Mai*
Wirkung: Kräftigt das Blut
Kühlt Blut-Hitze und stoppt Blutungen
Harmonisiert das Blut
Indikationen: bei allen Bluterkrankungen, Schwellungen, Steifheit der Wirbelsäule, Rückenschmerzen

Bl 18 *Ganshu* – Zustimmungspunkt/ *Shu*-Punkt Leber
Lokalisation: 13. ICR, 1 Handbreite neben dem Lenkergefäß - *Du Mai*
Wirkung: verteilt das Leber-*Qi*
Beruhigt Wind
Kühlt Feuer und klärt feuchte Hitze
Unterstützt die Augen und die Sehnen
Indikationen: Kurzatmigkeit
Depressive Erkrankungen
Gerötete Augen
Übermäßiger Tränenfluss
Rötung der Augen
Sehnenschmerzen

Bl 19 *Danshu* – Zustimmungspunkt/ *Shu*-Punkt Galle
Lokalisation: 14. ICR, 1 Handbreite neben dem Lenkergefäß - *Du Mai*
Wirkung: Klärt Feuchte-Hitze aus Leber und Galle
Tonisiert und reguliert das Gallen-*Qi*
Indikationen: Lebererkrankungen, Gastritis, Augenerkrankungen

Bl 20 *Pishu* – Zustimmungspunkt/ *Shu*-Punkt Milz/ Pankreas
Lokalisation: 15. ICR, 1 Handbreite neben dem Lenkergefäß - *Du Mai*
Wirkung: Tonisiert das Milz-*Qi*
Löst Feuchtigkeit auf
Kräftigt das Milz-*Qi* und hält das Blut in den Gefäßen
Reguliert und harmonisiert das *Qi* des Mittleren Erwärmers
Indikationen: abdominelle Geschwulst, Appetitlosigkeit, Blut in den Ausscheidungen, Ödeme, Schmerzen der Schulter und des Rückens, körperlicher Erschöpfungszustand, Bronchitis mit starker Schleimproduktion, Verdauungsstörungen

Bl 21 *Weishu* – Zustimmungspunkt/ *Shu*-Punkt Magen
Lokalisation: 16. ICR, 1 Handbreite neben dem Lenkergefäß - *Du Mai*
Wirkung: Reguliert den Magen
Kühlt Magen-Feuer
Indikationen: dünner Körper trotz viel Futter, Ödeme, Verdauungsstörungen, Störungen des Magen-Darm-Traktes wie Gastritis, Diarrhö

Bl 22 *Sanjiaoshu* – Zustimmungspunkt/ *Shu*-Punkt Dreifacher Erwärmer *San Jiao*
Lokalisation: 17. ICR, 1 Handbreite neben dem Lenkergefäß - *Du Mai*
Wirkung: Bewegt und reguliert den Dreifachen Erwärmer *San Jiao*
Reguliert Milz und Magen und beseitigt Feuchtigkeit
Reguliert die Wasserwege
Löst Schwellungen auf
Indikationen: unverdaute Nahrungsreste im Stuhl, Ödeme, erschwerte Miktion, Blut im Urin, Steifheit und Schmerzen im Lumbalbereich, Bewegungseinschränkungen und Steifheit von Schulter und Rücken

Bl 23 *Shenshu* – Zustimmungspunkt/ *Shu*-Punkt Niere
Lokalisation: zwischen dem 2. und 3. Lendenwirbel, 1 Handbreite neben dem Lenkergefäß - *Du Mai*
Wirkung: Tonisiert die Nieren und stärkt das *Yang*
Unterstützt die Essenz
Nährt das Nieren-*Yin*
Stärkt das Nieren-*Qi*
Reguliert die Wasserwege und unterstützt das Wasserlassen
Wärmt den Uterus
Unterstützt die Ohren und Augen
Kräftigt die Lumbalregion
Indikationen: Ödeme, LWS-Syndrom, Knochenkrankheiten, chronische Erschöpfung, Augenerkrankungen, chronische Kniebeschwerden, Konzentrationsstörungen

Bl 24 *Qihaishu* – Zustimmungspunkt/ *Shu*-Punkt Meer des *Qi*
Lokalisation: zwischen dem 3. und 4. Lendenwirbel, 1 Handbreite neben dem Lenkergefäß - *Du Mai*
Wirkung: Stärkt die Lumbalregion und die Hinterbeine
Reguliert den Unteren Erwärmer
Indikationen: Schmerzen und Steifheit der Lumbalregion

In der Praxis wird dieser Punkt bei Druckschmerzhaftigkeit zur Behandlung von Lumbalschmerzen verwendet.

Bl 25 *Dachangshu* – Zustimmungspunkt/ *Shu*-Punkt Dickdarm
Lokalisation: zwischen dem 4. und 5. Lendenwirbel, 1 Handbreite neben dem Lenkergefäß - *Du Mai*
Wirkung: Reguliert die Eingeweide
Beseitigt Stagnation
Stärkt die Lumbalregion und die Hinterbeine
Indikationen: Darmgeräusche, Diarrhö, Unverdaute Nahrungsreste in der Ausscheidung, Obstipation, Lumbalschmerzen, Steifheit der Lendenwirbelsäule, Schmerzen und Stauungssyndrom der Hinterbeine

Bl 27 *Xiaochangshu* – Zustimmungspunkt/ *Shu*-Punkt Dünndarm

Lokalisation: höchste Stelle der Kruppe, 1 Handbreite neben dem Lenkergefäß - *Du Mai*

Wirkung: Reguliert das Dünndarm-*Qi*
Leitet trübe Feuchtigkeit aus und klärt feuchte Hitze
Reguliert die Eingeweide
Fördert die Dünndarmfunktion (Trennt das Klare vom Trüben)

Indikationen: Diarrhö, Blut und Schleim in der Ausscheidung, Obstipation, dunkler Urin, Blut im Urin, Beschwerden in der Lendenwirbelsäule und Iliosakralgelenk

Seine klinische Wirkung erstreckt sich sowohl auf den Dünndarm als auch auf die Blase.

Bl 28 *Pangguangshu* – Zustimmungspunkt/ *Shu*-Punkt Blase

Lokalisation: 2 QF hinter Bl 27 *Xiaochangshu*

Wirkung: Reguliert die Blase
Klärt feuchte Hitze aus dem Unteren Erwärmer
Beseitigt Stagnation und löst Stauungen auf
Unterstützt die Lumbalregion und die Hinterbeine

Indikationen: Beschwerden in der Lendenwirbelsäule und Sakralregionbeschwerden, Diarrhö, Obstipation, Entzündungen und Schwellungen im Bereich der äußeren Genitalien, wichtiger Punkt bei Störungen des Urogenitaltrakts

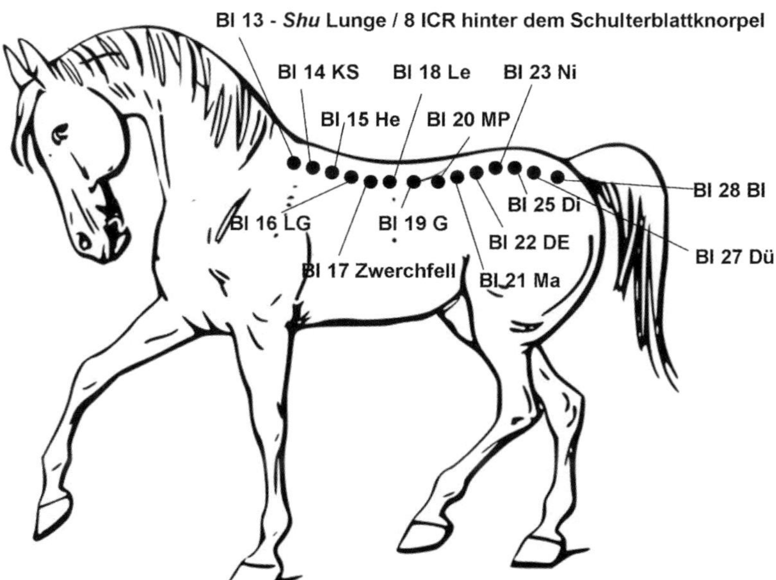

Alarm – *Mu* – Punkt

Es gibt 12 Alarmpunkte die alle im Yin Gebiet liegen, in der Nähe ihrer zugeordneten Organe. Von den 12 Punkten liegen nur drei auf den zugehörigen Meridianen wie Lu 1 – Alarmpunkt der Lunge, Le 13 – Alarmpunkt der Leber und Gb 24 – Alarmpunkt der Galle. Von den restlichen neun liegen sechs auf dem Konzeptionsgefäß *Ren Mai*. Die verbliebenen drei sind Ma 25 – Alarmpunkt Dickdarm, G 25 – Alarmpunkt – Niere und Le 13 – Alarmpunkt Milz/ Pankreas.

Der Begriff *mu* bedeutet Sammeln. An den Alarmpunkten/ Mu-Punkten sammelt und konzentriert sich die Energie *Qi* der zugeordneten Organe an der Körperoberfläche.

In dem Buch „Classic ft he Pulse" *Mai jing* von *Wang shu he* ca. 300 n. Chr. Findet man die erste Auflistung von 10 Alarmpunkten. In dem Buch „Systematic Classic of Acupuncture and Moxibustion" *Zhen jiu jia yi jing* von *Huang Fu Mi* (265-420 n. Chr.) fügte man noch die Alarmpunkte des Dreifachen Erwärmers und des Kreislauf/ Sexus hinzu, wodurch diese Gruppe, wie sie heute bekannt ist vervollständigt wurde.

Wir haben schon bei den Zustimmungspunkten/ Rücken-*shu*-Punkten eine sehr breite Anwendung für Erkrankungen der Organe gesehen. Das trifft auch für die Alarmpunkte zu. Sie werden sowohl bei Fülle-Mustern, Leere-Mustern als auch bei chronischen Erkrankungen der Organe in gleicher Weise verwendet.

Es ist wichtig zu beachten, das außer den Alarmpunkten die auf dem selben Meridian liegen wie Lu 1 – Alarmpunkt Lunge, G 24 – Alarmpunkt Galle und Le 14 – Alarmpunkt Leber, die anderen Alarmpunkte nur die zugehörigen Organe behandeln und nicht den zugehörigen Meridian.

Um es noch einmal zu verdeutlichen:

Die Zustimmungspunkte/ Rücken-*shu*-Punkte behandeln ihr zugeordnetes Organ und den zugehörigen Meridian.

Die Alarmpunkte, außer Lu 1, G 24 und Le 14, behandeln ausschließlich das Organ.

Dadurch macht es auch Sinn bei einer Behandlung beide Punkte zu kombinieren. Man nennt diese Kombination *shu –mu* –Methode.

Diagnostisch zeigen die Alarmpunkte bei Druckempfindlichkeit Störungen von dem zugehörigen Organ an. Aber Vorsicht, bei einer Kolik ist der Alarmpunkt Ma 25 – Dickdarm extrem empfindlich.

Therapeutisch verwenden wir sie zur Regulation der inneren Organe.

He = KG 14	**Dü** = KG 4	**Bl** = KG 3	**Ni** = G 25
KS = KG 17	**DE** = KG 5	**G** = G 24	**Le** = Le 14
Lu = Lu 1	**Di** = Ma 25	**Ma** = KG 12	**MP** = Le 13

KG 14 *Juque* (Großer Palast) – Alarmpunkt/ *Mu*-Punkt Herz
Lokalisation: 3 Handbeiten vor dem Nabel
Wirkung: Reguliert das Herz
Senkt das Lungen-*Qi* ab
Transformiert Schleim
Harmonisiert den Magen
Indikationen: Schmerzen des Brustkorbs, Husten, Kurzatmigkeit, Epilepsie, psychische Erkrankungen, Angst

KG 4 *Guanyuan* (Tor zum Ursprung) – Alarmpunkt/ *Mu*-Punkt Dünndarm
Lokalisation: 1 QF hinter dem Euter/ Skrotum
Wirkung: Reguliert das Dünndarm-*Qi*
Stärkt das Ursprungs-*Qi* und unterstützt die Essenz
Stärkt die Nieren
Wärmt und stärkt die Milz
Unterstützt den Uterus und die Empfängnis
Beseitigt Kälte und Feuchtigkeit aus dem Unteren Erwärmer
Indikationen: Nierenschwäche, Schwäche der Lumbalregion und der Beine, Furcht, häufiges Wasserlassen, Kräftemangel, Müdigkeit der Beine, Sterilität, körperliche Erschöpfungszustände

KG 3 *Zhongji* (Pol der Mitte) – Alarmpunkt/ *Mu*-Punkt Blase
Lokalisation: Körpermitte Höhe Schenkelmitte
Wirkung: Unterstützt die Blase
Leitet Feuchtigkeit aus
Unterstützt den Uterus
Stärkt die Nieren
Unterstützt den Unteren Erwärmer
Indikationen: dunkler Urin, Miktionstörungen, Ödeme, Infertilität, Geschwulst unter dem Nabel, Lumbalschmerzen,

G 25 *Jingmen* (Tor der Hauptstadt) – Alarmpunkt/ *Mu*-Punkt Nieren
Lokalisation: am Ende der letzten Rippe
Wirkung: Stärkt die Nieren und reguliert den Wasserfluss
Stärkt die Milz und reguliert die Eingeweide
Stärkt die Lumbalregion
Indikationen: Diarrhö, Darmgeräusche, erschwertes Wasserlassen, dunkler Urin, Schwäche der Wirbelsäule, Interkostalneuralgie

KG 17 *Shanzhong* (Mitte des Brust) – Alarmpunkt/ *Mu*-Punkt Kreiskauf Sexus
Lokalisation: zwischen den Vorderbeinen
Wirkung: Reguliert *Qi*
Leitet zähen Schleim aus
Unterstützt das Sammel-*Qi*
Reguliert das *Qi* in der Lunge
Indikationen: Dyspnoe, Erkrankungen des Respirationstraktes wie Bronchitis

KG 5 *Shimen* (Steintor) – Alarmpunkt/ *Mu*-Punkt Dreifacher Erwärmer
Lokalisation: 1 QF vor dem Euter/ Skrotum
Wirkung: Bewegt und unterstützt die Wasserwege
Reguliert das *Qi* und lindert Schmerzen
Reguliert den Uterus
Indikationen: Erschwertes Wasserlassen, dunkler Urin, Ödeme, Diarrhö, unverdaute Nahrungsreste in der Ausscheidung, Hodenschmerzen

G 24 *Riyue* (Sonne und Mond) – Alarmpunkt/ *Mu*-Punkt Galle
Lokalisation: Mitte Rumpf
Wirkung: Unterstützt die Galle und verteilt das Leber-*Qi*
Harmonisiert den Mittlerer Erwärmer
Beseitigt feuchte Hitze
Indikationen: Schmerzen der Rippen, Gastritis

Le 14 *Qimen* (Zeitliches Tor) – Alarmpunkt/ *Mu*-Punkt Leber
Lokalisation: 6. ICR (Zwischenrippenraum), 1 Handbreite oberhalb der Dampfrinne
Wirkung: Verteilt die Leber und reguliert das Leber-*Qi*
Kräftigt das Blut und löst Schwellungen auf
Harmonisiert Leber und Magen
Indikationen: Lebererkrankungen, abdominelle Aufblähung und wässrige Diarrhö, Erkrankungen mit Abmagerung

Lu 1 *Zhongfu* (Zentrale Residenz) – Alarmpunkt/ *Mu*-Punkt Lunge
Lokalisation: Oberkante Brustbein, 2 QF lateral (von der Mitte weg, seitwärts)
Wirkung: Verteilt und senkt das Lungen-*Qi* ab und lindert Husten
Wandelt Schleim um, klärt Hitze und reguliert die Wasserwege
Indikationen: Husten, Husten mit zähem Schleim, Bronchitis, Beklemmungsgefühl im Thorax und erschwerte Atmung, Schmerzhafte Stauung im Hals, Schwellung am Kopf

Ma 25 *Tianshu* (Himmelssäule) – Alarmpunkt/ *Mu*-Punkt Dickdarm
Lokalisation: in der Dampf-Rinne, Höhe Nabel
Wirkung: Reguliert den Darmtrakt
Reguliert Milz und Magen
Beseitigt Feuchtigkeit und feuchte Hitze

Reguliert *Qi* und Blut und beseitigt Stagnation

Indikationen: Diarrhö, Diarrhö mit unverdauten Nahrungsbestandteilen, Darmgeräusche, Aufblähungen, Appetitlosigkeit, Störung der Darmfunktion, Obstipation, Ödeme

KG 12 *Zhongwan* (Mitte des Magens) – Alarmpunkt/ *Mu*-Punkt Magen

Lokalisation: 2 Handbreiten oberhalb des Nabels

Wirkung: Harmonisiert den Mittleren Erwärmer
Stärkt Magen und Milz
Reguliert das *Qi*

Indikationen: alle Erkrankungen des Magens und der Milz, Blähungen, Epilepsie

Le 13 *Zhangmen* (Gesetzestor) – Alarmpunkt/ *Mu*-Punkt Milz

Lokalisation: 17. Rippenspitze

Wirkung: Harmonisiert Leber und Milz
Reguliert den Mittleren und Unteren Erwärmer
Kräftigt die Milz
Verteilt die Leber und reguliert das *Qi*

Indikationen: Leber- und Gallenerkrankungen, Aufblähungen, unverdaute Nahrungsreste in der Ausscheidung, Darmgeräusche, Diarrhö, Obstipation, Husten, Epilepsie, Schmerzen in der Lendenwirbelsäule, Lumbalschmerzen mit Unfähigkeit sich zu drehen

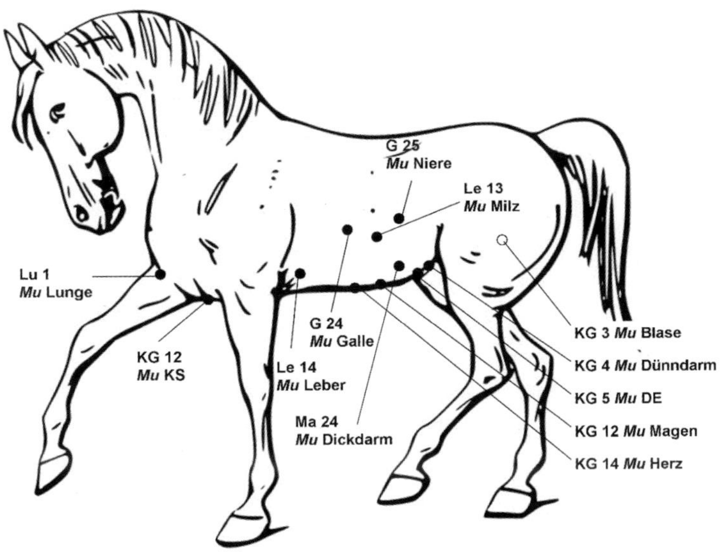

Die *Xi* – Grenzpunkte

Eine weitere wichtige Gruppe von Akupunkturpunkten sind die *Xi* – Grenzpunkte. Der Name *Xi* bedeutet Spalt, Loch oder Öffnung. Sie werden auch häufig *Xi* – Spaltenpunkte *xi – xue* in der Literatur beschrieben.
Ihre erste Erwähnung ist in dem Werk „Systematic Classic of Acupunkture and Moxibustion *Jia Yi Ying*", geschrieben von *Huang fu Mi* (*Jin* Dynastie 265 – 420) zu finden.

An diesen Punkten sammelt sich das *Qi* und Blut, das dann entlang des Meridian relativ oberflächlich fließt. Man verwendet diese *Xi* – Grenzpunkte zur Behandlung von akuten Zuständen und Schmerzen. Die *Xi* Grenzpunkte der *Yin* – Meridiane haben noch eine zusätzliche Wirkung bei der Behandlung von Blutkrankheiten.

Die *Xi* Grenzpunkte eignen sich auch diagnostisch Fülle-Zustände als auch für Mangel-Zustände. Bei Fülle-Zuständen reagieren die *Xi* Grenzpunkte bei Druck mit Schmerz oder es ist sogar Schwellung erkennbar.

Eine Vertiefung an den *Xi* Grenzpunkten oder eine leichte Schmerzreaktion weisen auf einen Mangelzustand hin.

Akute und therapieresistente Erkrankungen, vor allem bei Fülle-Zuständen des betroffenen Meridians und/ oder zugehörigen Organs zeigen sehr effektive Ergebnisse. Bei Fülle-Zuständen verwendet man ableitende Techniken *Xiefa*.

He 6	Dü 6	Bl 63	Ni 5
KS 4	DE 7	G 36	Le 6
Lu 6	Di 7	Ma 34	Mi 8

He 6 *Yinxi* (Yin Ansammlung)
Lokalisation: Oberkante Karpalgelenk zwischen den ulnaren Strecksehnen
Wirkung: Reguliert das Herz-Blut
Beruhigt den Geist
Dämpft akute Zustände
Indikationen: Palpitationen durch Schrecken, Schrecken, Epilepsie, Störungen im Bewegungsapparat der Vorderbeine

Dü 6 *Yanglao* (Nährung des Alters)
Lokalisation: vier Querfinger über der Oberkante Karpalgelenk, im hinteren Beindrittel
Wirkung: Aktiviert den Meridian und lindert Schmerzen
Unterstützt die Schulter
Beruhigt akute Zustände
Klärt die Augen

Indikationen: Schulterschmerzen, Schwellung und Schmerzen des Karpalgelenks, der Schulter und dem Rücken

Bl 63 *Jinmen* (Goldenes Tor)
Lokalisation: Beinaußenseite, 1 Daumenbreite unterhalb des Sprunggelenkes im hinteren drittel der Beinaußenseite
Wirkung: Aktiviert den Meridian und lindert Schmerzen
Beruhigt den Geist
Beruhigt inneren Wind und beseitigt äußeren Wind
Indikationen: Epilepsie, rote Augen, Steifheit des Nackens, Steifheit des Rückens beim Strecken, Schwellung und Schmerzen im Hinterbein, Lumbalgie

Ni 5 *Shuiquan* (Wasserquelle)
Lokalisation: Unterkante Fersenbein
Wirkung: Reguliert das Durchdringungsgefäß *Zhong Mai* und das Konzeptionsgefäß *Ren Mai*
Unterstützt die Miktion
Fördert die Blutzirkulation
Reguliert den Uterus
Indikationen: abdominelle Schmerzen, erschwerte Miktion, Schmerzen im Sprunggelenk

KS 4 *Ximen* (Spaltentor)
Lokalisation: Höhe oberer Rand der Kastanie zwischen dem radialen und ulnaren Beuger des Karpalgelenks
Wirkung: Stärkt das Blut und beseitigt Stase
Kühlt das Blut
Schwächt akute Zustände
Beruhigt den Geist
Indikationen: kühlt das Blut bei Hautausschlägen, hilft bei stumpfen Fell, Blutstagnation im Brustbereich, Epilepsie, Unruhe und Angstzustände, entspannt das Zwerchfell

DE 7 *Huizong* (Versammlung der Ahnen)
Lokalisation: 1 – 2 QF neben DE 6, zwischen den vorderen Zehenstreckern
Wirkung: macht den Dreifachen-Erwärmer Meridian durchgängig
Unterstützt die Ohren
Beendet Schmerzen
Indikationen: Schmerzen im Vorderbein, lokaler Punkt zur Schmerztherapie

G 36 *Waiqiu* (Äußerer Hügel)
Lokalisation: Beinaußenseite, Unterschenkelmitte, 2 Querfinger nach hinter
Wirkung: aktiviert den Meridian und lindert Schmerzen
Reguliert Gallen- und Leber-*Qi*

Kühlt Hitze und entgiftet Giftstoffe
Entspannt Sehnen und Muskeln

Indikationen: Schmerzen der Hinterbeine, Atrophie Erkrankungen der Hinterbeine, Schmerzen im Meridianverlauf

Le 6 *Zhongdu* (Mittlere Hauptstadt)

Lokalisation: Beininnenseite, 2 Querfinger unter dem Muskelspitz

Wirkung: Lindert Schmerzen
Besänftigt die Leber
Fördert den harmonischen Leber-*Qi*-Fluss
Macht den Leber Meridian durchgängig
Reguliert *Qi* und Blut

Indikationen: Schmerzen in Unterschenkel/ Gelenken der Hinterbeine, bei starker Blutungsneigung, Entzündung der Beckenorgane, Koliken, Diarrhö, löst Stagnationen auf wie Knoten

Lu 6 *Kongzui* (Tiefes Loch)

Lokalisation: Beininnenseite, im oberen Drittel zwischen Ellenbogen und Karpalgelenk, an der medialen Seite des Radius

Wirkung: Verteilt und senkt Lungen-*Qi*
Klärt Hitze und befeuchtet die Lunge
Lindert akute Zustände
Beendet Blutungen

Indikationen: Husten mit oder ohne Blut, Asthma, Lungenentzündung, Halsentzündung, Fieberhafte Erkrankungen ohne Schwitzen, Lahmheiten mit Einschränkung der Beuge- und Streckfähigkeit

Di 7 *Wenliu* (Warmer Strom)

Lokalisation: Beinaußenseite, 1 Handbreite über dem Karpalgelenk im vorderen Beindrittel

Wirkung: reguliert den Dickdarm
Klärt Hitze und leitet Toxine aus
Starke Wirkung auf den gesamten Schulterbereich
Mildert akute Zustände

Indikationen: akute Schmerzen im Kehlkopfbereich, Schulterlahmheit

Ma 34 *Lianqiu* (Gipfel des Hügels)

Lokalisation: lateral am Kniegelenk, in einer Furche, proximal und kaudal der Patella

Wirkung: Aktiviert den Meridian und lindert Schmerzen
Harmonisiert den Magen
Vertreibt Feuchtigkeit und Wind

Indikationen: Schwellungen und Schmerzen des Knies, Kniegelenksarthritis, erschwertes Beugen und Strecken des Knies, Patellaluxation und -subluxation, Pathologien im Bewegungsapparat von Hüfte und Lende

MP 8 *Diji* (Erddrehpunkt)

Lokalisation: Beininnenseite, 2 Handbreiten über der Oberkante Sprunggelenk, am Hinterrand des Schienbeins

Wirkung: Reguliert *Qi* und Blut
Stärkt die Milz
Reguliert den Uterus
Beseitigt Feuchtigkeit

Indikationen: Diarrhö, Ödeme, Schmerzen im Beckenbereich, Knieschmerzen,

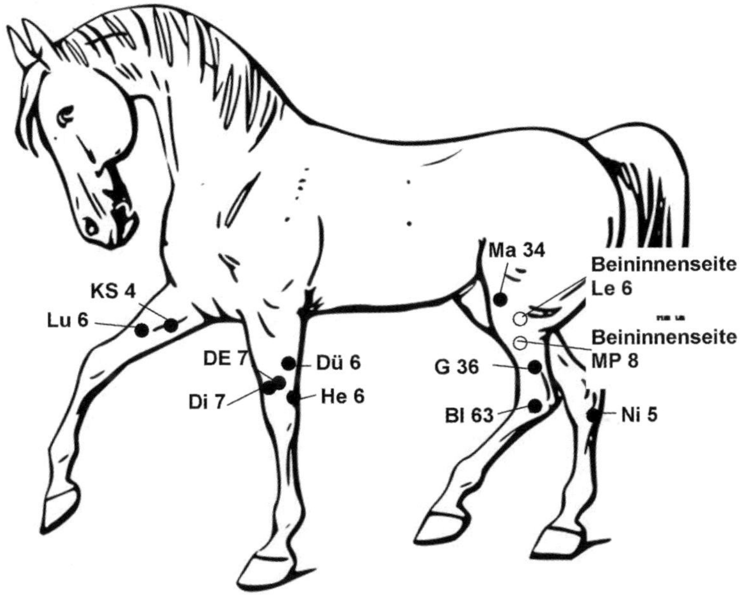

Hui – Einflussreichen Punkte der acht Gewebearten

Die acht *Hui* – Einflussreichen Punkte findet man erstmalig in „Classic of Difficulties" dem „Klassikers der Schwierigkeiten" einer Übersetzung des *„Nan Jings"*.

Hui bedeutet „sich versammeln". An diesen Punkten fließt das *Qi* der zugeordneten Körpergewebe an die Oberfläche.

Diese Punkte verwendet man zum Beispiel diagnostisch. Sie reagieren mit Druckdolenz bei Erkrankungen des zugehörigen Gewebes.

In der Praxis verwendet man die acht *Hui* – Einflussreichen Punkte bei Störungen des zugeordneten Gewebes. Bewährt hat sich auch die Kombination mit den *Xi* Grenzpunkten bei akuten Erkrankungen wie zum Beispiel Magenbeschwerden mit dem *Xi* Grenzpunkt Ma 34 in Kombination mit dem *Hui* – Einflussreichen Punkt KG 12.

Le 13	–	Speicher - *Zang* – Organe	Erkrankung der *Zang* – Organe (He, Le, Ni, MP, Lu)
KG 12	–	Hohl – *Fu* – Organe	Erkrankung der *Fu* – Organe (Dü, Di, Bl, Ma, G)
KG 17	–	Qi, Punkt hat einen starken Effekt auf das *Zhong-Qi* (Brust-*Qi*)	Respiratorische Erkrankungen
Bl 17	–	Blut	Erkrankungen des Blutes
G 34	–	Sehnen	Erkrankungen der Gelenke, Sehnen, Muskel
Lu 9	–	Blutgefäße	Gefäßerkrankungen
Bl 11	–	Knochen	Erkrankungen der Knochen, Gelenke, WS
G 39	–	Knochenmark (2 QF unter G 38)	Erkrankung von Knochenmark und Hirnsubstanz (Nervensubstanz)

Le 13 *Zhangmen* (Gesetzestor)
Lokalisation: 17. Rippenspitze
Le 13 ist sowohl der *Hui* – Punkt der Speicher - *Zang* – Organe (He, Le, Ni, MP, Lu) als auch der Alarm – *Mu* – Punkt der Milz. Die Essenz der Speicher-Organe wird vollständig von der Milz transportiert. Deshalb ist dieser Punkt auch so wichtig um die Milz selbst, alle Speicher-Organe und den Körper als Ganzes zu tonisieren.

KG 12 *Zhongwan* (Mitte des Magens)
Lokalisation: 2 Handbreiten oberhalb des Nabels
KG 12 ist sowohl der *Hui* – Punkt der Hohl - *Fu* – Organe (Dü, Di, Bl, Ma, G) als auch der Alarm – *Mu* – Punkt des Magens. Als Ursprung des nachgeburtlichen *Qi* wird der Magen und die Milz eine wichtige Rolle unter den Speicher *Zang* – und den Hohl *Fu* – Organen zugeordnet, da sie die Essenz der Nahrung und der Getränke umwandeln und im Körper verteilen. Deshalb sagt man vom Magen, dass er die Hohl - *Fu* – Organe beherrscht.

KG 17 *Shanzhong* (Mitte des Brust) - Alarmpunkt/ *Mu*-Punkt Kreiskauf Sexus
Lokalisation: zwischen den Vorderbeinen
KG 17 ist sowohl der *Hui* – Punkt des *Qi* als auch der Alarm – *Mu* – Punkt des Kreislauf/ Sexus. Dieser Punkt hat großen Einfluss auf das *Qi* und wird oft als das „Obere Meer des *Qi*" bezeichnet das die Lungenfunktion, die Kontrolle des *Qi* und der Atmung reguliert.

Bl 17 *Genshu* (Zustimmungspunkt/ *Shu*-Punkt Zwerchfell)
Lokalisation: 12. ICR, 1 Handbreite neben dem Lenkergefäß - *Du Mai*
Bl 17 *Geshu* ist der Einflussreiche *Hui* – Punkt des Blutes und der wichtigste Akupunkturpunkt zur Behandlung aller Erkrankungen von Blut-Hitze, Blut-Stase oder Blut-Mangel.

G 34 *Yanglingquan* (Quelle am Yang Hügel)
Lokalisation: Beinaußenseite Mitte - Höhe Kniekehle (Ende Wadenbein)
G 34 *Yanglingquan* ist der Einflussreiche *Hui* – Punkt der Sehnen und der Hauptpunkt zur Beeinflussung der Sehnen am ganzen Körper, wie zum Beispiel Sehnenkontraktionen, Steifheit des Nackens und der Schulter, Steifheit der Muskeln und der Gelenke, Erkrankungen der Hinterbeine wie Knieschmerzen, Atrophieerkrankungen und schmerzhaftes Stauungssyndrom.

Lu 9 *Taiyuan* (Großer Abgrund)
Lokalisation: Oberkante Karpalgelenk, 2 Querfinger vor der hinteren Beinmitte und 2 Querfinger unterhalb (Mitte Karpalgelenk)
Lu 9 *Taiyuan* ist der Einflussreiche *Hui* – Punkt der Blutgefäße. Die Gefäße sammeln sich bei Lu 9 und er ist daher ein wichtiger Punkt, um die Beziehung zwischen dem Sammel-*Qi (Zong)* und dem Blutfluss in den Gefäßen zu harmonisieren. Besteht ein Mangel des Sammel-*Qi*, und ist es daher nicht mehr in der Lage das Blut zu zirkulieren, sammelt es sich im Thorax und Herzen und es entstehen versiedene Arten von Blut-Stase.

Bl 11 *Dazhu* (Großes Weberschiffchen)
Lokalisation: Ende der Mähne - Anfang Widerrist, 1 QF neben dem LG (Lenkergefäß - *Du Mai*)
Bl 11 *Dazhu* ist der Einflussreiche *Hui* – Punkt der Knochen und wir bei verschiedenen Knochenkrankheiten, Schmerzen der Wirbelsäule verwendet. Dieser Punkt wird auch bei einer schmerzhaften Stauung tief in die Knochen und Gelenke eindringt und zu Deformationen führt.

G 39 *Xuanzhong* (Hängende Glocke)
Lokalisation: 4 Querfinger über dem Sprunggelenk
G 39 *Xuanzhong* ist der Einflussreiche *Hui* – Punkt des Markes, dem Ursprung des Knochenmarks. Er unterstützt die Sehnen und Knochen und wird für einen weiten Bereich von Erkrankungen verwendet, die durch Schwäche, Schlaffheit, Kontraktion und Schmerzen der Beine gekennzeichnet sind.

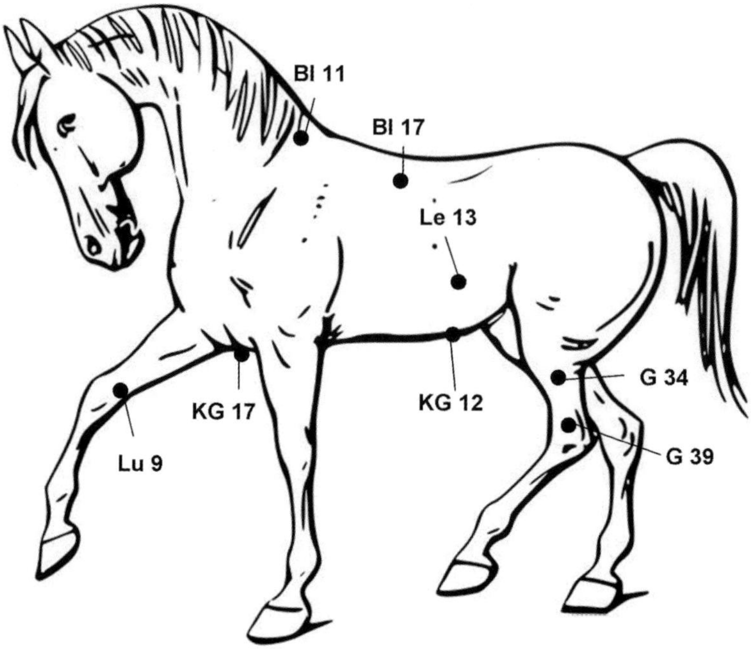
Bl 11
Bl 17
Le 13
G 34
KG 17
KG 12
G 39
Lu 9

Moxibustion – *Kao*

Moxibustion ist ebenfalls ein sehr wichtiger Bestandteil von Akupunkt Meridian Massage und traditioneller chinesischer Medizin.

Die Moxibustion ist eine aus der kälteren, im Norden gelegenen Bergregion Chinas stammende Therapie. Sie dient der Behandlung von energetischen Leere- und Kältezuständen und verhindert einen Stau von *Qi* und Blut. Diese Wärme Therapie entspricht zu 90 % einer Sedierung und zu 10 % einer Tonisierung. Die Wärme entspannt, zerstreut, bewegt und kann sogar Feuer, Hitze Toxine und pathogene Einflüsse wie Wind vernichten.

Die Hauptfunktion von Moxibustion ist Stau aufzulösen, die Durchlässigkeit der Meridiane zu fördern und das *Wei Yang* herzustellen. Man kann also sagen, dass Moxibustion gleichzeitig eine *Xie fa* und *Bu fa* Wirkung auslöst.

Diese Therapie wird vor allem bei chronischen Schmerzen und alten Verletzungen angewendet. Auch werden Akupunkturpunkte mit glimmenden Beifußkraut *(Artemisia vulgaris)* erwärmt. Das Beifußkraut brennt langsam und gleichmäßig und erzeugt eine milde und zugleich tief eindringende Wärme.

In der Literatur werden bis zu 50 verschiedene Techniken der Moxibustion beschrieben. Die am häufigsten verwendete Technik am Pferd ist die indirekte Moxibustion.

Indirekte Moxibustion

Die erwärmen der Haut mit der „Vogelpick – Methode". Mit ca. 10 – 20 cm langen, aus Moxakraut oder Kohle hergestellten Zigarren, 10 – 15 Minuten lang über der Haut des Akupunkturpunktes oder flächiger Areale „tippen". Die Moxazigarre wird dabei abwechselnd vor- und zurückgezogen und verweilt kurze Zeit vor der Haut.

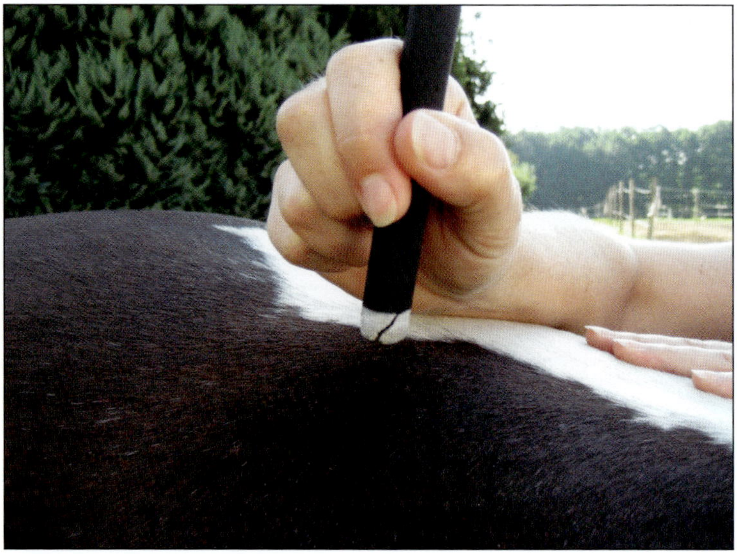

Wirkung

Nach TCM

- Stärkt das *Yang*, bei Mangel-Kälte-Syndrom, stimuliert das Immunsystem
- Vertreibt Kälte und löst Feuchtigkeit aus den Meridianen, der Oberfläche und den Organen.
- Beseitigt *Qi*- und Blut-Stagnation durch Förderung der Zirkulation

Nach westlicher Vorstellung

- Verbessert die Gewebsdurchblutung und aktiviert den Gewebestoffwechsel
- Regt die Organfunktion an (z. B. Zustimmungspunkte)
- Stärkt Körper- und Immunabwehr

Indikationen

Yin Krankheiten (Kältesymptomatik, Diarrhö)
Yang Mangel Zustände (z. B. Dysurie, Diarrhö, Appetitlosigkeit, Antriebsarmut)
Chronische Störungen des Stütz- und Bewegungsapparates (besonders Wirbelsäule)
Durchblutungsstörungen
Abwehrschwäche (Aktivierung des *Wei-Qi*)
Qi-Stagnation (z. B. Hämatome in Haut und Muskulatur)

Beispiele für Punkte zum Moxen

Yang-Mangel

LG 4, Ma 36, MP 6, KG 6

Kälte vertreiben
Quell-Punkte oder ZU- oder Alarmpunkte

Infektanfälligkeit, chronische Bronchitis (Lungen-*Qi*-Mangel)
LG 12, Bl 12, Bl 13, KG 17

Chronische Gastritis (Kälte in Milz und Magen)
Bl 20, Ma 36, MP 9, Ma 21, KG 12

Diarrhö bei Kälte im Dickdarm
Bl 20, Bl 21, Bl 25, Ma 37, Ma 25

Lumbalgie (Nieren-*Yang*-Mangel, Kälte Obstruktion)
Bl 22 bis Bl 25, LG 4, Bl 52, Bl 60

Dies sind nur einige Möglichkeiten für die Behandlung mit Moxibustion.

Kontraindikationen

Trächtigkeit

Narben

Narbengewebe kann den harmonischen Energiefluss stören und zu einem dauerhaften Ungleichgewicht der Energieverteilung führen. Bei der Behandlung müssen immer die Narben mitüberprüft werden, ob sie ein Störfeld darstellen. Es darf aber nicht automatisch angenommen werden, das jede Narbe gleich ein Störfeld bedeutet.

Erst durch das Überprüfen der Narbe auf Sensibilität, Wärme- oder Kälteabstrahlung kann man erkennen ob dieses Narbengewebe vermehrt Aufmerksamkeit benötigt.

So ein Störfeld hat auf den gesamten Organismus Auswirkungen. Krankheitsbilder können sich dann überall zeigen unabhängig wo sich die Narbe befindet. Häufige Symptome sind ein Beckenschiefstand der sich dann zum Beispiel in einem nicht harmonischen Gangbild zeigt, oder auch Verspannungen der Muskulatur im Rücken, im Nacken und im Halsbereich, oder Schmerzustände und Ödeme ohne erkennbarem Grund sind dann die Folgen.

Als Nabengewebe gelten zum Beispiel Verletzungen, Operationen, Brandwunden und Kastrationsnarben. Kastrationsnarben stellen in der Praxis sehr häufig ein Störfeld dar, welches dann einen Beckenschiefstand entstehen lässt. Ich habe auch schon Hodenschwellungen durch so eine Narbe gesehen die dann durch Narbenentstörung und der Behandlung des Konzeptionsgefäßes *Ren Mai* und des Akupunkturpunktes Le 1 besser wurden.

Die Überprüfung der Narbe ob es sich um ein Störfeld handelt ist relativ einfach. Bei erhöhter Sensibilität und einer Wärmeabstrahlung kann man sicher von einer sogenannten Fülle in der Narbe ausgehen. Das bedeutet, das man versucht die Fülle in dem Narbengewebe abzubauen um das energetische Gleichgewicht wieder herzustellen. Bei Taubheit der Narbe und einer Kälteabstrahlung des Gewebes handelt es sich um eine Leere in der Narbe.

Für eine Narbenentstörung gibt es verschiedene Möglichkeiten und Therapieansätze:
- mit dem AMM-Stäbchen
- mit einer energetischen Creme
- mit einem kinesiologischen Tape
- mit einem Tens-Gerät (Transkutane elektrische Nervenstimulation)

Narben sind nicht nur eine Verletzung auf der physischen, sondern auch auf der psychischen Ebene.

Aber auch der Energiekreislauf kann in Mitleidenschaft gezogen werden. Eine Narbe, die den Energiefluss stört, hat damit die Möglichkeit, den psychischen und/ oder physischen Körper zu beeinflussen.

Jede Narbe wird durch Gewalteinwirkung verursacht und verursachen für den Energiekreislauf Stress (Wanderseele HUN). Je komplizierter die Verletzung oder die Operation, je mehr Stress für den Energiekreislauf.

Eine Narbe die energetisch stört hat nicht nur Einfluss auf Yin- und Yang-Zustände in der Narbe und dem Narbenumfeld, sondern auch auf die energetischen Regeln der traditionell chinesischen Medizin.

Narbenentsörung mit dem AMM-Stäbchen:

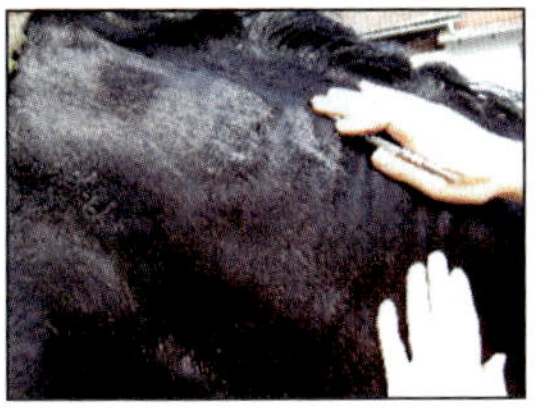

Bei einer energievollen Narbe versuchen wir den Füllezustand des Narbengewebes abzubauen. Dies geschieht mit der sogenannten Regenwurm Methode (*Di Long* Methode). Dabei versuchen wir mit dem Stäbchen hinter der Narbe in Energiefluss Richtung den Füllezustand abzubauen. Nach einigen Strichen mit dem Stäbchen überprüfen wir die Narbe immer wieder auf ihren Zustand. Es wird solange wiederholt bis sich deutlich die Fülle in der Narbe abgebaut hat und die Abstrahlungs-Temperatur reduziert hat. Danach können wir das sogenannte *Ba Gua* Muster, bestehend aus drei Kreisen zu je acht Akupunkturpunkten um einen Punkt im Zentrum der Narbe stimulieren. Die Stimulation der Punkte erfolgt in einem langsamen Rhythmus und der ausgeübte Druck ist etwas fester (langsam und fest – *xiefa*).

Bei einer energieleeren Narbe wird ebenfalls das *Ba Gua* Muster verwendet. Das gleiche Muster aus drei Kreisen zu je acht Punkten um den Punkt im Zentrum der energieleeren Narbe wird aber jetzt in einem zügigem Rhythmus und ganz leichten Druck stimuliert (schnell und leicht – *bufa*).

Das *Ba Gua* Muster:
Dieses Muster hat ihren Ursprung in der Pestle-Needle-Therapy *(Tai Yi Chu Zhen)* und ist eine original taoistische Methode für die Gesunderhaltung. Sie wurde über sechzehn Generationen weitervererbt. Der Ursprung ist bei einem großen taoistischen Meister aus *Ruhuan Zhenren* in der *Wudang* Bergen zu finden.

Die Methode:
Man nennt diese Methode **Öffnen-Schließen-Manipulation *(Kai He)***. Die Manipulation wird durch wiederholtes Drücken und Loslassen (Öffnen und Schließen) mit dem AMM – Stäbchen an einem Punkt durchgeführt.

Wenn zum Beispiel eine *Ba Zhen Xue* Gruppe von Punkten mit der Öffnen-Schließen Manipulation behandelt wird, werden die Punkte in der Gruppe in Folge mehrfach gedrückt, wobei jeder Punkt ca. 30 Sekunden behandelt wird. Bei der Behandlung mit der Öffnen-Schließen Manipulation gilt sanft und schnell tonisiert *(bufa)*, während stark und langsam sediert *(xiefa)*.

Das Zentrum der *Ba Zhen* Gruppe ist ein Punkt im Zentrum der Narbe, umgeben von 24 weiteren Punkten in der Form von 3 Kreisen – äußerer Kreis *Wei Ba Zhen* – mittlerer Kreis *Zhong Ba Zhen* – innerer Kreis *Nei Bai Zhen* – mit je 8 Punkten.

Während der Therapie, wenn eine *Ba Zhen* – Gruppe akupunktiert wird, wird jeder der 25 Punkte in der Gruppe in Folge stimuliert, beginnend mit dem äußeren Kreis *Wei Ba Zhen*, danach der mittlere Kreis *Zhong Ba Zhen* und zum Schluss der innerer Kreis *Nei Bai Zhen*. Der letzte Punkt ist das Zentrum dieser Gruppe.

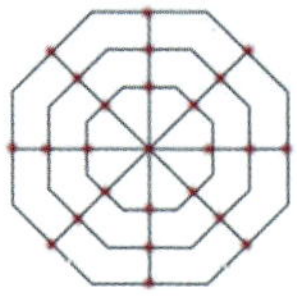

Narbenentstörung mit einer energetischen Creme:

Es ist die einfachste Art eine Narbe zu therapieren, durch das regelmäßige eincremen mit einer energetischen Creme (Elektrolyt-Creme). Dabei ist aber zu beachten, die eingecremte Narbe nicht der Sonnenbestrahlung auszusetzen, da sich sonst ein Sonnenbrand entwickelt.

Diese Art ist aber nicht immer ausreichend, um störende Narben wieder an den körpereigenen Energiekreislauf zu integrieren.

An dieser Stelle sei noch angemerkt, dass auch die Schleusen am Kronsaumrand an den Beinen regelmäßig mit einer Energetischen Creme versorgt werden sollte.

Narbenentstörung mit einem kinesiologischen Pferde Tape:

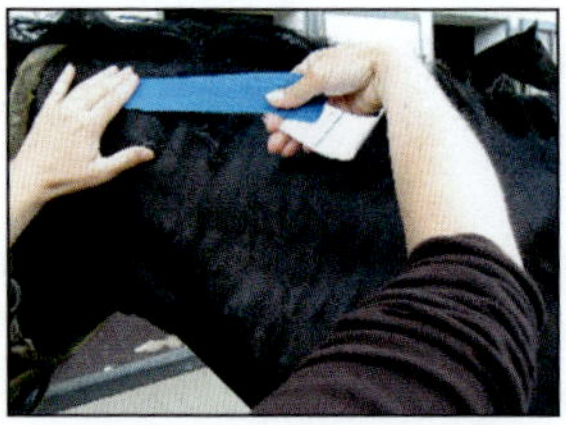

Dafür verwenden wir spezielle farbige, gut klebende, elastische Tapes, die den Belastungen standhalten.

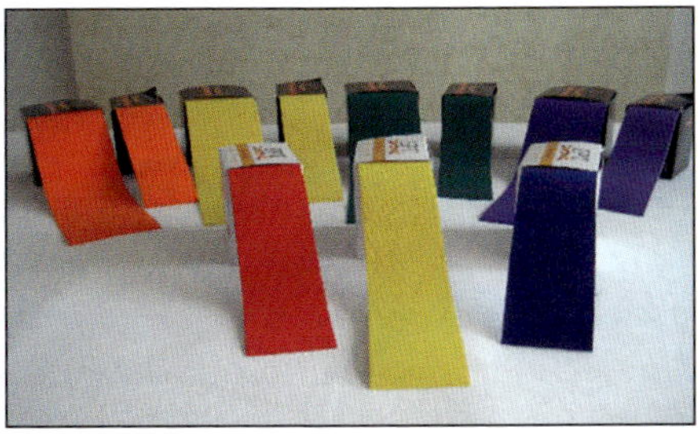

Zuerst wird das Narbengewebe auf die thermische Abstrahlung untersucht.

Ist die Abstrahlung warm und heiß bedeutet das es sich um eine energievolle Narbe handelt und wir ein blaues Tape verwenden.

Bei einer kühlen Abstrahlung, einer energieleeren Narbe brauchen wir eine wärmende Farbe, also rot,

Ist die die Abstrahlungs-Temperatur nicht genau definierbar verwenden wir die Tape Farbe gelb.

Beim abkleben der Narbe immer auf den Energiefluss und die Yin- / Yang-Zustände achten!

Zuerst wird die Farbe nach dem durchgeführten Befund ausgewählt. Danach wird die Länge des benötigtem Tape abgemessen und abgeschnitten. An dem Tape Streifen werden dann die Ecken abgerundet um ein zu schnelles Ablösen zu verhindern.
Danach wird die Narbe dem Meridian und dem Energiefluss zugeordnet. Dann werden cirka vier Querfinger des Tapes vom Papier abgelöst. Dieser Teil wird als Anker bezeichnet. Es ist wichtig das der Zug des Tapes nach dem aufkleben immer Richtung Anker zieht.

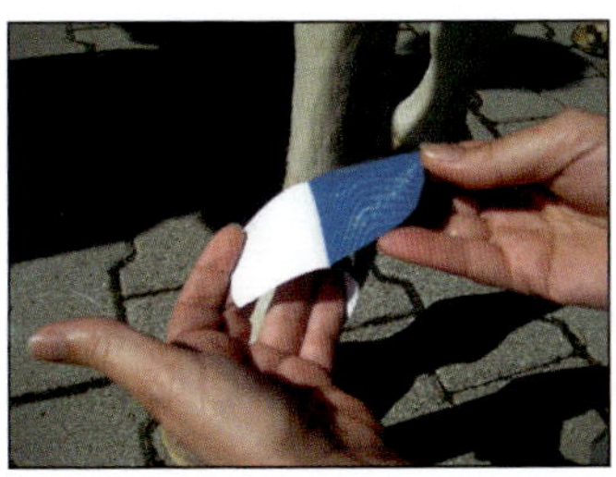

Als Beispiel nehmen wir eine energievolle Narbe am Schenkel des Hinterbeines. Sie liegt im Verlauf des Gallen-Meridians. Der Energiefluss des Gallen-Meridians läuft Richtung Huf. Da es sich um eine energievolle Narbe handelt verwenden wir demnach ein blaues Tape. Jetzt wird der Anker des Tapes oberhalb oder über der Narbe fest gemacht und das Tape mit maximal 10 Prozent Zug über die Narbe geklebt wird. Die Farbe blau kühlt die Narbe und nachdem der Zug des Tapes Richtung Anker zieht wird der Energiefluss zur Narbe gebremst.

Würde es sich beim vorigen Beispiel um eine energieleere Narbe handeln würden wir ein rotes Tape verwenden um die Narbe zu tonisieren. Hier würde dann der Anker nach der Narbe angebracht und das Tape wieder mit maximal 10 Prozent Zug über die Narbe geklebt werden. Nachdem der Zug immer Richtung Anker zieht, holt das Tape jetzt mehr Energie zur Narbe, wärmt die Narbe durch die Farbe rot und massiert das Narbengewebe durch.

Bei unklarer Abstrahlung der Narbe verwenden wir ein gelbes Tape. Das Tape wird dann in der Mitte aufgerissen und bis auf vier Querfinger an den Enden vom Papier abgelöst. Danach wird das Tape mit maximal 10 Prozent Zug über die Narbe geklebt und die beiden Enden werden nacheinander vom Papier gelöst und ohne Zug aufgeklebt.

Narbenentstörungmit einem Tens-Gerät (Transkutane elektrische Nervenstimulation):

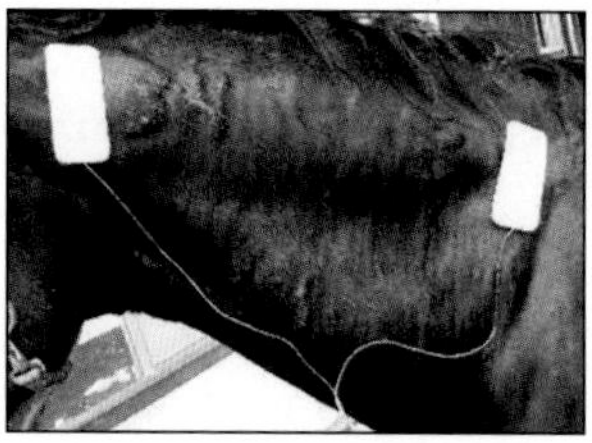

TENS – Stimulation

TENS heißt Transkutane Elektrische Nervenstimulation.

Stimulation mit oberflächlichen Gummielektroden. Es handelt sich um eine Weiterentwicklung der Elektroakupunktur, eingesetzt auf der Basis der Gate-Control-Theorie.

Gate-Control-Theorie
Grundlage für die analgetische Wirkung versch. Verfahren der Physikal. Med., ins besonders der Elektrotherapie. Die auf schnell leitenden Nervenfasern weitergegebenen Afferenzen aus Druck- u. Vibrationsrezeptoren führen an den Interneuronen im Hinterhorn des Rückenmarks zu einer präsynaptischen Hemmung, so dass die Afferenzen aus dem schmerzleitenden Fasersystem nicht weitergegeben werden.

Durchführung
Das Stimulationsgerät produziert mono- oder biphasischen Batteriestrom mit 1-100 Hz und einer Impullsbreite von 0,1-0,2 ms.

Anwendung
Stromflussrichtung und Energieflussrichtung beachten!
Von der Kathode (+) zur Anode (-).

Wenn wir das Beispiel von der energieleeren Narbe im Gallen-Meridian nehmen, wird die Kathode (+) vor der Narbe angebracht, die Anode (-) nach der Narbe.
Die TENS – Stimulation kann auch noch bei Schmerzzuständen und Verspannungen eingesetzt werden. Auch hier gilt von der Kathode (+) zur Anode (-).

Nach Schmerzlokalisation (z. B. über Punctum maximum des Schmerzes) 2 – 4 Elektroden im Verlauf der Schmerzausstrahlung oder des betroffenen Nervs und über ausgewählte Akupunkturpunkte.
Die Anwendung sollte ein bis viermal täglich für je 30 – 40 Minuten erfolgen.

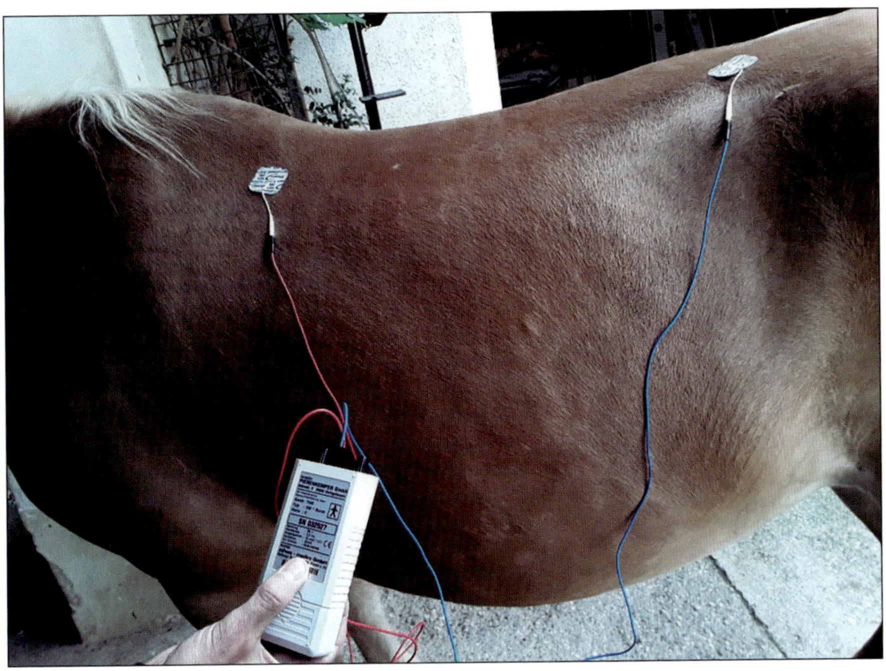

Indikationen der TENS – Stimulation

- Narbenentstörung
- Schmerzen des Bewegungsapparates, neuronal, muskulär oder vaskulär.
- Therapieresistenz unter AMM

Farblichttherapie

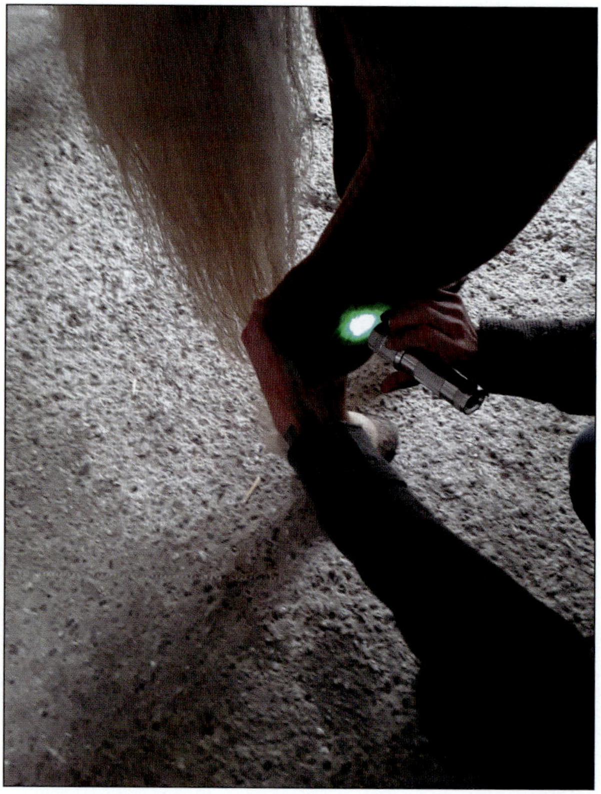

Viele Wissenschaftler beschäftigten sich schon mit der Frage, was ist Licht und was sind Farben. Mitte des 17. Jahrhunderts fand der englische Wissenschaftler Isaak Newton durch die Anwendung eines Glas Prisma heraus, dass das weiß erscheinende Sonnenlicht in sieben Spektralfarben zerlegt wird. In die Farben Rot – Orange – Gelb – Grün – Blau – Indigo und Violett.

Auch J. W. Goethe beschäftigte sich mit Licht und Farben und Farben schrieb eine umfangreiche Abhandlung über die Farblehre. Durch die aktuelle Farbforschung werden Farben heute als elektro-magnetische Lichtschwingung mit verschiedenen Wellenlängen und Frequenzen beschrieben. Durch die Arbeit von Albert Einstein wurde bewiesen, dass die Spektralfarben aus einzelnen Energiepaketen, den sogenannten Licht-Quanten besteht. Diese Licht-Quanten nannte er Photonen.

……………..…. Am 10. Dezember 1903 bekam Niels Ryberg Finsen den Nobelpreis für Medizin *„in Anerkennung seines Beitrags an der Behandlung von Krankheiten, insbesondere Lupus vulgaris, mit konzentrierter Lichtstrahlung, durch die er der medizinischen Forschung einen neuen Weg eröffnete".*

Farbiges Licht besitzt eine Vielzahl an energiereichen Informationen, welche dem Organismus helfen und ihn unterstützen. Dabei führen farbiges Licht zu bestimmten physiologischen und psychologischen Reaktionen. Jede der sieben Spektral Farben besitzt einen individuellen Charakter, eine ganz spezielle Wirkung, welche von den unterschiedlichen Farbschwingungen ausgeht.

Licht erzeugt Wirkung

Pflanzen nutzen die Energie des Lichtes für ihr Wachstum - auch künstliches Licht. Daraus erkennen wir, dass jede einzelne Farbe einen bestimmten Einfluss auf den menschlichen Organismus nehmen kann.

Licht erzeugt Schwingungen, die über die Haut aufgenommen und dann an das Körperinnere weitergeleitet werden. Russische Wissenschaftler konnten diese Leitbahnen nachweisen und eine exakte Deckung mit den Meridianen der TCM ermitteln.

Man fand bei wissenschaftlichen Versuchen heraus, dass die Körperzellen nicht nur auf unterschiedliche Wellenlängen des Lichts, sondern auch auf Helligkeitsunterschiede, reagieren. Körperzellen können demnach Licht aufnehmen.

Die Farblichttherapie kann im Krankheitsfall helfen, Energieflussstörungen zu beheben und wirkt somit harmonisierend und aufbauend.

Der deutsche Physiker Prof. Dr. Popp konnte wissenschaftlich belegen, dass alles Leben, jede einzelne Zelle Licht aussendet (im Spektrum von cirka 200 nm bis 800 nm). Diese Entdeckung belegt, dass Licht und Leben miteinander untrennbar verbunden sind.

Die Schwingungsfrequenz jeder Farbe ist eine andere und daraus ergeben sich unterschiedliche spezifische Kräfte. Jede Zelle im Organismus hat eine eigene Schwingungsfrequenz. Die Farblichttherapie kann, durch den Einsatz unterschiedlicher Farben, Impulse an die Körperzellen weitergegeben.

So können die einzelnen Farben auf Nerven-, Hormon- und Lymphsystem, Gewebebildung, Durchblutung, Organe und andere Körperfunktionen, sowie auch auf die seelische Verfassung Einfluss haben. Die Farben geben dem Körper einen Heilanstoß und eignen sich gut zur Begleittherapie anderer Therapieformen. Durch die Farblichttherapie können z.B. Medikamente besser wirken, Wunden besser heilen und psychische Störungen gemildert werden. Besonders zur Unterstützung der Akupunkt-Meridian-Massage kann die Farblichttherapie hervorragend eingesetzt werden.

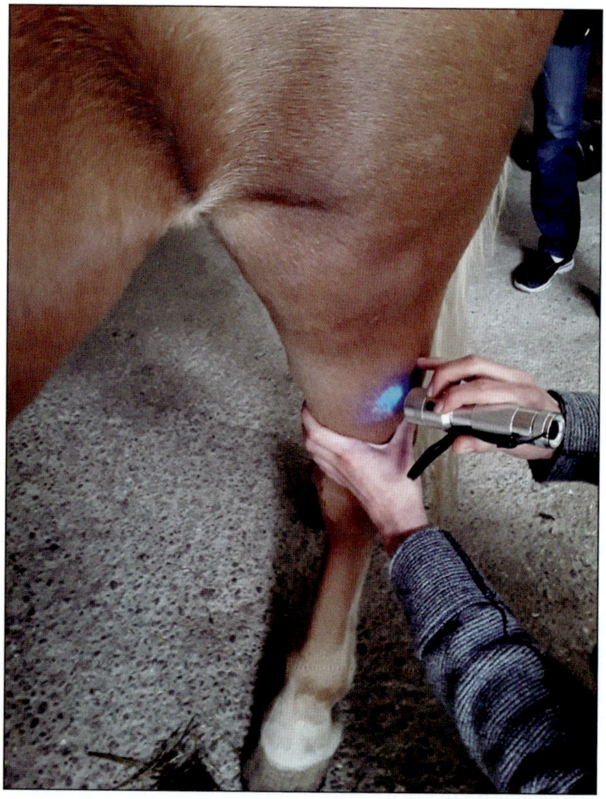

Indikationen der Farblichttherapie

- Hauterkrankungen
- Erkrankungen der Sehnen, Sehnenscheiden, Bänder und Gelenke
- Muskelerkrankungen
- Entzündungen
- Hautverletzungen
- Atemwegserkrankungen
- Wundheilung nach Operationen und Verletzungen Narbenbehandlung

Meridiane und Farblicht

Mit Licht lassen sich Meridiane beeinflussen. Es gibt dabei für jeden Meridian eine tonisierende, anregende und sedierende, beruhigende Farbe.

Dabei muss das Farblicht auf dem jeweiligen Tonisierungs- bzw. Sedierungs-Punkt des betreffenden Meridians appleziert werden.

ROT
Tonisierende Farbe für den Kreislauf/ Sexus-Meridian, sedierende für den Magen-Meridian.

ORANGE
Tonisierende Farbe für den Blasen-Meridian, sedierende für den Lungen-Meridian

GELB
Tonisierende Farbe für den Herz-Meridian, sedierende für den Gallen-Meridian

GRÜN
Tonisierende Farbe für den Magen-Meridian, sedierende für den Kreislauf/ Sexus-Meridian

BLAU
Tonisierende Farbe für den Lungen-Meridian, sedierende für den Blasen-Meridian

VIOLETT
Tonisierende Farbe für den Gallen-Meridian, sedierende für den Herz-Meridian

Die Farben:

ROT
Tonisierende Farbe für den Kreislauf/ Sexus-Meridian, sedierende für den Magen-Meridian.

Rot bedeutet, die Kraft, die Aktivität, die Bewegung
Sie wirkt anregend und aktivierend auf Blutzirkulation, Drüsen, Haut und Stoffwechsel. Rot wärmt, bekämpft Müdigkeit und unterstützt die Sexualorgane. Sie wird ebenfalls häufig eingesetzt bei Problemen im Bewegungsapparat. Rot wirkt gut bei Problemen die mit dem Atmungssystem zu tun haben.
VORSICHT: Zuviel Rot kann zu Aggressionen führen!!!

Indikation:
- Verbesserung der Durchblutung
- bei Muskelverspannungen
- Rheuma
- zur Stärkung des Immunsystems
- Lähmungen
- Kreislaufprobleme
- chronische Entzündungen
- Aktivierung des Stoffwechsel

- Erschöpfungszustände
- Wachstumsstörungen
- Beschleunigt die Heilung von Wunden
- stimuliert den Muskeltonus
- lindert Hauterkrankungen (Sonnenbrand) im Wechsel mit Grün
- bei Appetitlosigkeit
- Schock
- stimuliert das Durchhaltevermögen
- erhöht die Schmerzbereitschaft

ORANGE

Tonisierende Farbe für den Blasen-Meridian, sedierende für den Lungen-Meridian

Orange bedeutet, die Heiterkeit, die Freude, die Vitalität

Sie wirkt aufheiternd und vermittelt Wärme. Orange fördert die Vitalität und regt den Appetit an. Sie wird überwiegend bei Ängsten eingesetzt, ebenso bei Störungen von Leber- und Bauchspeicheldrüsenfunktionen, Lustlosigkeit, Stoffwechselproblemen und Immunschwäche.

Indikation:

- bei Erschöpfung, Energiemangel
- lindert Arthrose
- fördert Appetit und Vitalität
- befreit von Blockaden
- kann Ehrgeiz steigern
- bei chronischen Husten, Asthma und Kehlkopferkrankungen
- bei Neigung zu Pilzbefall
- zur Nachbehandlung von Operationen
- bei Immunschwäche

GELB

Tonisierende Farbe für den Herz-Meridian, sedierende für den Gallen-Meridian

Gelb bedeutet, das Wissen, die Konzentration, der Lernwille, die Sorge

Sie wirkt auf die Funktion des Magens und die Verdauung, sowie auf die Organe Milz und Pankreas. Sie wird oft eingesetzt um einen mentalen und physischen Ausgleich zu schaffen. Gelb kann aber auch bei Erkrankungen abwehrstärkend und entgiftend eingesetzt werden.

Indikation:

- Blasen-/ Nierenleiden
- Allergien
- Magen-/ Darmstörungen
- Erkrankungen der Leber

- Depressionen
- Fruchtbarkeitsstörungen
- fördert die Speichelbildung
- Förderung von Lerneifer und Auffassungsgabe

GRÜN

Tonisierende Farbe für den Magen-Meridian, sedierende für den Kreislauf/ Sexus-Meridian

Grün bedeutet, die Harmonie, die Erholung, das Gleichgewicht
Sie wirkt ausgleichend und beruhigend und ist die generelle Farbe der Genesung. Grün beruhigt das Herz, die Nerven und die Lunge und hilft bei Nervosität und Anspannungen. Sie kann überwiegend bei Herz- und Kreislaufproblemen, Atemnot, chronischen Entzündungen von Muskeln, Sehnen und Gelenken, Erkrankungen des Zentralnervensystems und Hautekzemen, eingesetzt werden.

Indikation:
- Atembeschwerden
- Augenleiden
- Muskelverspannungen
- Hautekzeme, Hauterkrankungen
- Gelenkentzündungen, Sehnenentzündungen
- Schlafstörungen
- Regulierung von Atmung und Puls, beruhigt Herz und Nerven
- Krebstherapie
- Straffung der Haut, Kräftigung der Hufe
- lindert Husten, Asthma (Dämpfigkeit)
- fördert die Regeneration
- bringt Energie zum Fließen
- zur Vorbeugung von Infektionskrankheiten
- desinfiziert, wirkt schmerzlindernd und heilend auf eine frische Wunde
- bei Gewebestauungen
- bei Narben im Füllezustand
- bei Unausgeglichenheit
- bei Bakterienbefall
- zur Entgiftung

BLAU

Tonisierende Farbe für den Lungen-Meridian, sedierende für den Blasen-Meridian

Blau bedeutet, die Beruhigung, die Entspannung
Sie wirkt schmerzlindernd, entspannend, beruhigend und kühlend. Blau wird überwiegend eingesetzt bei Schmerzen aller Art, wie Zahn- und Ohrenschmerzen, Kopfschmerzen, Migräne, Arthritis, Brandwunden und zur Fiebersenkung. Sie kann sehr gut

ihre Wirkung bei lokalen Entzündungen, Entzündungen der Augen und Ohren, Warzen, Abszessen, Furunkel, Hautpilzen und Haarausfall, entfalten.

Indikation:

- Verbrennungen
- Entzündungen
- Hautprobleme
- lässt Warzen abheilen und abfallen
- bei nervösen Unruhezuständen
- nährt die Nerven und mindert Stress
- beruhigt Atmung und Puls
- beruhigt Juckreiz und nässende Hauterkrankungen
- bei Kolik
- Kopfschmerzen
- Linderung von Augen-, Nasen- und Halsleiden
- bei Fieber, Ermüdung und Erschöpfung
- wirkt antibakteriell bei eitrigen Prozessen

VIOLETT

Tonisierende Farbe für den Gallen-Meridian, sedierende für den Herz-Meridian

Violett bedeutet, die Meditation, die Intuition, die Inspiration

Sie vermittelt Ruhe und Ausgeglichenheit. Violett kann überwiegend eingesetzt werden bei Gehirn- und Nervenleiden, starken Kopfschmerzen und Migräne, Angstzuständen, Unruhe, Schlaflosigkeit, Durchfall und zur Bakterienvernichtung.

Indikation:

- Gelenkprobleme
- Bei Haarausfall
- Infektionskrankheiten
- Krämpfe
- Anregung des Lymphflusses
- Abbau von Gallen
- bei Kopfschmerzen
- zur Heilung von Knochenbrüchen
- bei Befall von Parasiten
- mobilisiert die Abwehrkräfte
- reguliert den Stoffwechsel
- Angst und Unruhe
- Wichtige Farbe für die Psyche
- zur Lösung traumatischer Erlebnisse

Schüßler Salze

Schüßler-Salze sind Präparate von Mineralsalzen in homöopathischer Dosierung (Potenzierung). Die Therapie mit ihnen basiert auf der Annahme, Krankheiten entstünden allgemein durch Störungen des Mineralhaushalts der Körperzellen und könnten durch homöopathische Gaben von Mineralien geheilt werden.

Der homöopathische Arzt Wilhelm Heinrich Schüßler (1821–1898) veröffentlichte in der *Allgemeinen Homöopathischen Zeitung* 1873 den Artikel „Eine abgekürzte Homöopathische Therapie", in dem er eine Therapieform namens „Biochemische Heilweise" vorstellte. Seine Abkürzung bestand darin, dass er statt der etwa tausend Mittel in der Homöopathie nur zwölf Salze, „Schüßler-Salze" genannt, zur Therapie fast aller Krankheiten für ausreichend hielt. Schüßler ging davon aus, dass Krankheiten auf der Grundlage gestörter biochemischer Prozesse entstehen. Er nahm an, dass Krankheiten zu einem großen Teil auf der Grundlage eines „gestörten Mineralhaushaltes" entstehen, wobei das Fehlen eines bestimmten Minerals den gesamten Stoffwechsel beeinträchtige. Schüßler erklärte, sein Verfahren sei „kein homöopathisches", weil es nicht auf dem von Samuel Hahnemann propagierten *Simile-Prinzip* („Ähnliches kann durch Ähnliches geheilt werden") beruhe, sondern auf physiologisch-chemische Vorgänge im menschlichen Organismus zurückzuführen sei. Auch die in der Homöopathie üblichen Arzneimittelprüfungen an gesunden Probanden lehnte Schüßler aus diesem Grund für seine Salze als „grundfalsch" ab.

Die Mittel werden nach homöopathischer Verfahrensweise durch Schütteln, Reiben oder Zerkleinern verdünnt und haben entsprechende Verdünnungsbezeichnungen: D1 bedeutet, dass es sich um eine Verdünnung von 1:10 handelt, Dx allgemein eine Verdünnung von 1:10x. Die Salze sind in der Regel D6 = 1:1.000.000 oder D12 = 1:1.000.000.000.000 verdünnt.

Schüßler-Salze sollen als „homöopathisch aufbereitete", d. h. potenzierte Mittel in Tablettenform angewendet werden, die man dann im Mund langsam zergehen lässt. Die Mineralstoffe werden über die Mundschleimhaut vom Körper aufgenommen. Für jedes Salz gibt es eine sogenannte Regelpotenz. Für die Salze Nr. 1, 3 und 11 wird in der Regel D12 genommen. Für die übrigen Salze gilt D6 als Regelpotenz.

Die Salze kann man nach Einnahme in spätestens 7 – 8 Minuten im Blut messen.

Die 12 „Funktionsmittel"

1. Calcium fluoratum D12 (Calciumfluorid)
2. Calcium phosphoricum D6 (Calciumphosphat)
3. Ferrum phosphoricum D12 (Eisenphosphat)

4. Kalium chloratum D6 (Kaliumchlorid)
5. Kalium phosphoricum D6 (Kaliumphosphat)
6. Kalium sulfuricum D6 (Kaliumsulfat)
7. Magnesium phosphoricum D6 (Magnesiumhydrogenphosphat)
8. Natrium chloratum D6 (Natriumchlorid - Kochsalz)
9. Natrium phosphoricum D6 (Natriumphosphat)
10. Natrium sulfuricum D6 (Natriumsulfat)
11. Silicea D12 (Kieselsäure)
12. Calcium sulfuricum D6 (Calciumsulfat))

Später wurden von verschiedenen Autoren weitere Mineralstoffe eingeführt, welche heute unter der Bezeichnung „Ergänzungsmittel" zusammengefasst werden.

Anwendung
Im Allgemeinen werden die Schüssler Salze von Pferden gerne angenommen, weil sie leicht süß schmecken.

Die Schüssler-Tabletten können mit Wasser zu einem Brei aufgelöst und unter das Futter gemischt werden.

Oder man spritzt den flüssigen Mittelbrei mit einer Spritze ohne Nadel direkt ins Maul des Pferdes.

Manche Pferde nehmen die Tabletten auch unverarbeitet an und betrachten sie als spezielles Leckerli, was sie durch ihren süßlichen Geschmack ja auch sind.

Dosierung
Da Pferde sehr viel grösser sind als Menschen, brauchen sie auch höhere Dosen der Schüßler Salze.

Eine normale Dosierung wäre beispielsweise:
Bei jeder Anwendung, z.B. 3 mal täglich:
- 7 - 10 Tabletten

Salben
Da Pferde ein relativ kurzes Fell haben, kann man sie auch recht gut mit Schüssler-Salben behandeln.

Vor allem zur Behandlung von Ekzemen, Insektenstichen und anderen Hauterkrankungen eignen sich Schüssler Salben.

Nr. 1 Calcium fluoratum D 12 (Calciumfluorid)

Magen – Meridian, Element – Erde, Thermik – neutral

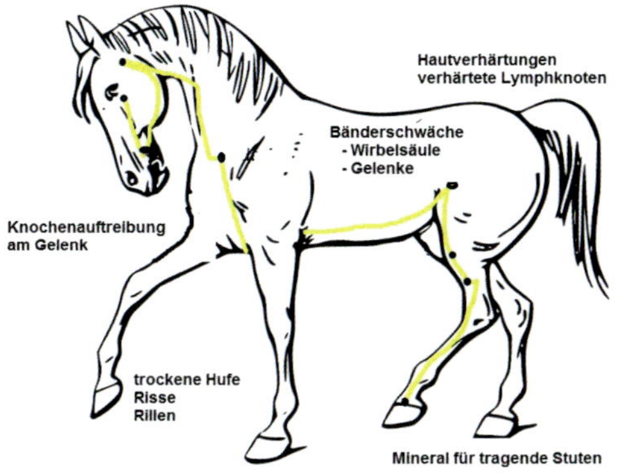

Nr. 1 ist das Baumaterial der elastischen Fasern, es ist in den Oberflächen aller Hüllen und Häute/ Fell enthalten. Es sorgt für die Dehnungsfähigkeit und Elastizität des Bindegewebes.

Ein Mangel an Calcium fluoratum zeigt sich in

- Erschlaffung und Erweiterung der Hohlorgane und Gefäße (z. B. Magenerweiterung, Krampfadern).
- Knochenauflagerungen (Verdickungen, die äußerlich oftmals sichtbar sind)
- trockene Hufe, Risse, Rillen, verhärtete Schwellungen
- verhärtete Lymphknoten

Nr. 1 Calcium fluoratum – Schlüsselmerkmale

Haut, Haare, Hufe, Zähne, Gewebe, Bindegewebe: erschlafft, schwach, wund, entzündet, vereitert, geschwollen, aufgelagert, überdehnt, fistelbildend, eingerissen, abszessbildend, verstopft, borkenbildend, krustig, warzenbildend, verhornend, schwielig, runzelig, faltig, rissig, brüchig, spröde, verhärtet, narbig, erweitert, erschlafft, gesenkt, locker werdend.

Absonderungen: nässend, blutend, eiternd, krustig

Empfindungen und Schmerzen: Überempfindlichkeit, kälteempfindlich, zerschlagen, zitternd, juckend, kratzend, stechend, taub, pelzig, beengt, gestaut.

Zeitphänomene: für chronische, andauernde, veraltete Erscheinungen, langsam und tiefwirkend.

Homöopathische Besonderheiten und Leitsymptome

Allgemein

- Abmagerung trotz guten Appetit
- Verlust der Initiative, Ängste
- Neigung zum Schwitzen bei geringster Anstrengung, besonders an Hals und Kopf

Verschlimmerung

- durch Kälte, Zugwind, Wetterwechsel
- durch Hitze, schwüles warmes Wetter, Sonnenbestrahlung
- durch körperliche Anstrengung

Verbesserung

- durch Wärme

Anwendung

Calcium fluoratum ist ein sehr langsam wirkendes Mittel. Es muss konsequent über einen langen Zeitraum, mindestens mehrere Monate hinweg gegeben werden.

Nr. 2 Calcium phosphoricum D 6 (Calciumphosphat)

3 Erwärmer – Meridian, Element – Feuer, Thermik – erwärmend

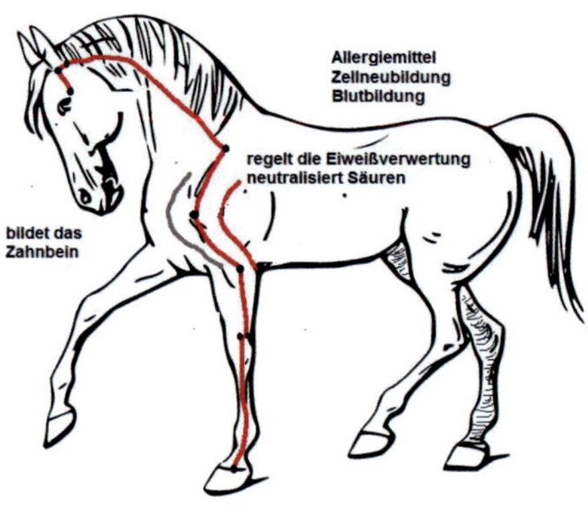

Nr. 2 ist das Baumaterial aller Gewebe wie Blutzellen, Knochenzellen (Callusbildung)

Es ist notwendig zur Blutbildung und Blutgerinnung, für die Umwandlung von Nahrungseiweiß in körpereigenes Eiweiß, besitzt reinigende, straffende Wirkung und hilft, Blut und Gewebe zu erneuern. Es beruhigt die Muskeltätigkeit und ist ein Hauptmittel gegen Krämpfe und zur Beruhigung des Herzens.

Calcium phosphoricum stärkt das Denken und Handeln im Sinne von Ordnung und besserer kybernetischer Vernetzung (Steuerung und Koordinierung der Nervenzellen).

Nr. 2 Calcium phosphoricum – Schlüsselmerkmale

Knochen, Muskeln, Blut, Haut: zerbrochen, zerstört, unterbrochen, kraftlos, allergisch, übererregt

Absonderungen: schleimig, dünn, übelriechend, unverdaut

Empfindungen und Schmerzen: taub, zitternd, verkrampft, kitzelnd, rauh, entzündlich, unterbrochen, erschlafft, geschwollen, schwach, wund

Zeitphänomene: direktwirkend, verlangsamend und kühlend, aber auch beschleunigend und wärmend

Homöopathische Besonderheiten und Leitsymptome

Allgemein

- Rasche körperliche und geistige Erschöpfbarkeit
- Abmagern trotz Hunger
- große Neigung zum Schwitzen

Verschlimmerung

- durch Kälte, Nässe, Zugwind, Wetterwechsel, Schneeschmelze
- im Frühjahr und Herbst bei feuchtkalter Witterung
- bei körperlicher und geistiger Anstrengung

Verbesserung

- Durch kleine Mutproben, wie sich etwas zutrauen

Nr. 3 Ferrum phosphoricum D 12 (Eisenphosphat)

Kreislauf – Meridian, Element – Feuer, Thermik – kühlend

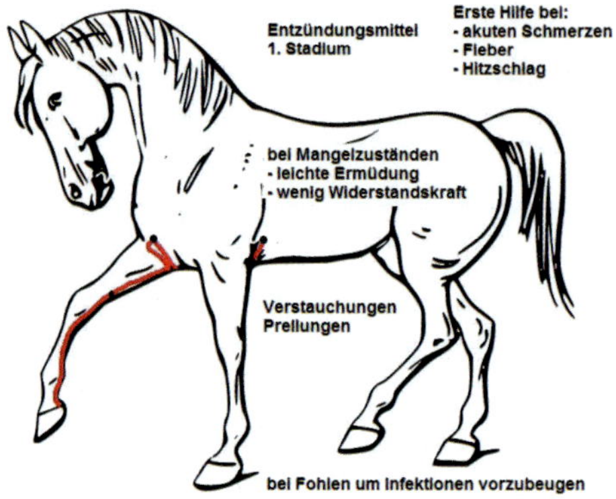

Nr. 3 ermöglicht die Bindung von Sauerstoffionen an das rote Blutkörperchen. Es ist das **Notfallmittel, Fieber-, Schmerz- und Wundmittel** der Biochemie.

Als kraftvolles Tonikum regt es die blutbildenden Gewebe an und ist bei Anämie, Konzentrationsmangel, Erschöpfungszuständen, Muskelkrämpfen und rheumatischen Beschwerden angezeigt. Es überträgt Sauerstoff, ist das **Mittel des 1. Entzündungsstadiums** und wird bei körperlichen Belastungen und sportlichen Anstrengungen angewandt.

Nr. 3 Ferrum phosphoricum – Schlüsselmerkmale

Erscheinungen: gerötet, entzündlich, feurig, blutüberfüllt, heiß, fiebrig, schwitzen,

Blut: hellrot, feuerrot, leicht gerinnend.

Absonderungen: wässrig, hellrot blutend, wässrig und mit hellrotem Blut durchsetzt.

Empfindungen und Schmerzen: aufflammend, pochend, pulsierend, klopfend, schmerzempfindlich, brennend, entzündlich, geschwollen, hitzig, zittrig, schwach, wackelig, schlaff, benommen, kalt, zitternd, steif, müde, akut erschöpft.

Zeitphänomene: akuter Bedarf, Erscheinungen schnell kommend und gehend, kurzfristige Wirkung. Für tiefgreifende Wirkung (z. B. bei Blutarmut) mit anderen Salzen kombinieren.

Homöopathische Besonderheiten und Leitsymptome

Allgemein

- Viel Durst

Auffallend

- Wärmeorganismus gestört
- Schweißausbruch am ganzen Körper

Verschlimmerung

- durch Wärme, Ruhe und heiße Anwendungen

Passt zu allen anderen Salzen, besonders gut zu Nr. 11 (gegenseitige Wirkungs-verstärkung). Als Entzündungsmittel des 1. Stadiums hat es sich besonders gut bewährt, wenn es als Mischung mit Nr. 4 (dem Mittel des 2. Entzündungsstadiums) gegeben wird. Nr. 10 optimiert diese Mischung noch weiter.

Nr. 4 Kalium chloratum D 6

Lungen – Meridian, Element – Metall, Thermik – erwärmend

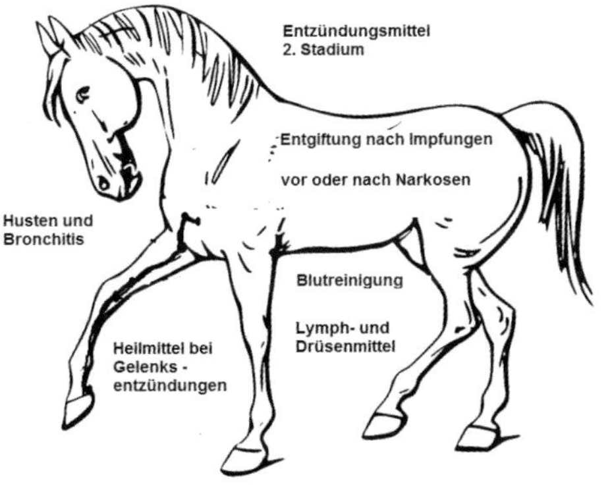

Nr. 4 wird bei Veranlagung zu chronischen Entzündungen und Katarrhen sowie als Mittel des **zweiten Entzündungsstadiums** eingesetzt. Es ist ein wichtiges Entgiftungsmittel und hat eine besondere Beziehung zum Nasen- Rachenraum, zu den Ohren, Augen, Drüsen.

Nr. 4 Kalium chloratum – Schlüsselmerkmale

Haut und Schleimhäute: milchig, durchsichtig, weißlich, weißgrau, entzündlich, weißgrau-schorfig

Absonderungen: weißgrau, wässrig, auslaufend, schaumig, bläschenartig, schleimig, wässrig-rötlich-entzündlich, dickflüssig,

Blut: dick, zähflüssig, dunkel, zäh

Empfindung und Schmerzen: voll, verstopft, angeschwollen, pulsierend, klopfend, geschwächt, müde,

Zeitphänomene: chronische wie auch akute Erkrankungen

Homöopathische Besonderheiten und Leitsymptome

Allgemein
- Anschwellung der Drüsen

Verschlimmerung
- Hitze und Sonnenbestrahlung
- durch Bewegung

Nr. 5 Kalium phosporicum D 6

Blasen – Meridian, Element – Wasser, Thermik – warm-heiß

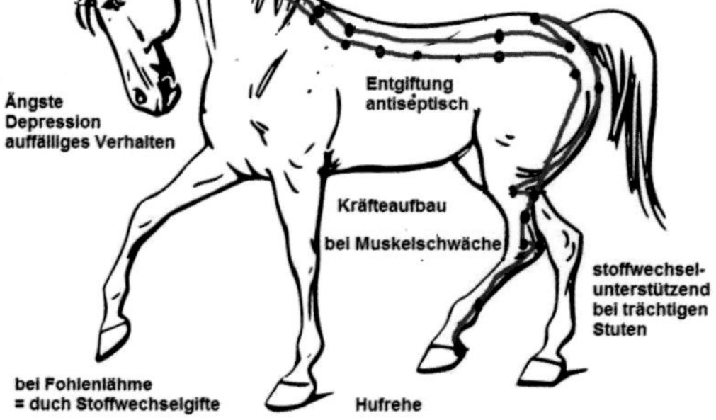

Nr. 5 ist ein großes Nervenmittel und angezeigt bei geistigen und muskulären Überanstrengungen und Erschöpfungszuständen. Es dient zur Verhütung von Fäulnisprozessen und ist blutbildend.

Nr. 5 Kalium phosporicum – Schlüsselmerkmale

Haut, Gewebe, Nerven, Psyche: Lichtarmut

Blut: vergiftet, septisch (Blutvergiftung), schleimbelastet, wässrig und hellrot, aber auch eingedickt und dunkel.

Absonderungen: faulig, stinkend, sauer, schmierig, trüb – graufarbig, eitrig, blutend

Empfindungen und Schmerzen: auflösend, erschöpft, geschwächt, unterdrückt, gelähmt, wie lähmungsartig, betäubt

Zeitphänomene: Beschwerden über lange Zeit „aufgebaut".

Homöopathische Besonderheiten und Leitsymptome

Allgemein

- große Nervenschwäche

Verschlimmerung

- nachts
- morgens
- durch Kälte
- durch laute Geräusche
- bei Bewegungsbeginn und bei starker Anstrengung

Verbesserung

mäßige Bewegung

Tip: Oft liegt bei stärkerem Mangel an Nr. 5 eine geopathologische Belastung vor

Nr. 6 Kalium sulfuricum D 6

Leber – Meridian, Element – Holz, Thermik – kalt

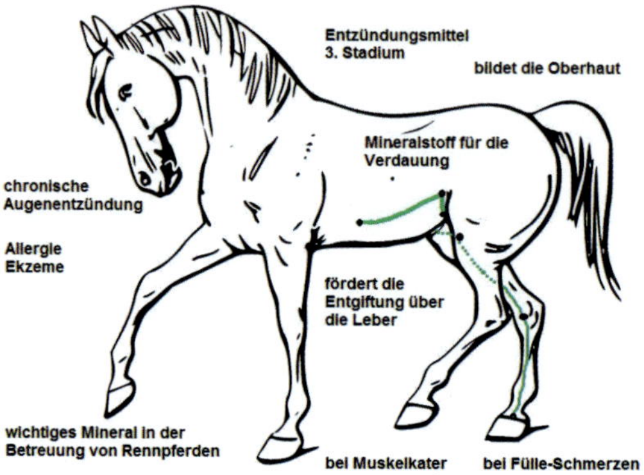

Nr. 6 ist das Salz des **dritten Entzündungsstadiums**. Es ist an der Übertragung von Sauerstoff beteiligt, fördert Ausscheidungs- und Entgiftungsvorgänge und wird als Lebermittel eingesetzt. Es eignet sich auch gegen Fülle-Schmerzen, Allergie und Ekzeme.

Nr. 6 Kalium sulfuricum – Schlüsselmerkmale

Haut: gelblich, gelbgrün, ockerfarben, geschwollen, schuppend

Absonderungen: schleimig, gärend, klebrig

Empfindungen und Schmerzen: scharf, schneidend, schließend, explosiv, wandernd, drückend, beklemmend, dumpf, stockend, stauend, voll, gefüllt, stumpf, taub, schwindend, gelähmt, rasselnd, gurgelnd.

Zeitphänomene: akut, oft jedoch für chronische Erkrankungen, Krankheiten beendend, heilend-abschließend.

Homöopathische Besonderheiten und Leitsymptome

Allgemein

- Neigung zu Extremen

Verschlimmerung
- durch Wärme
- am Abend

Besserung
- im Freien und in frischer, kühler Luft

Nr. 7 Magnesium phosphoricum D 6

Herz – Meridian, Element – Feuer, Thermik – warm-heiß

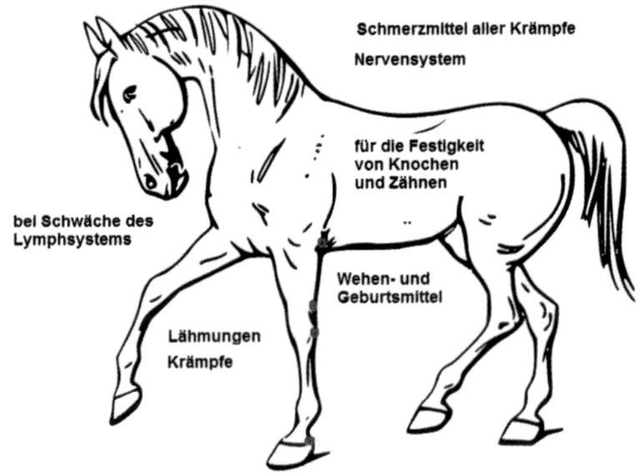

Nr. 7 ist ein Nervenmittel ersten Ranges und wirkt regenerierend, entgiftend, entspannend, entkrampfend und lösend, wie auch erfrischend und anregend. Es ist ein großes Schmerzmittel, besonders auch bei neuralgischen Kolikschmerzen und es durchströmt Blockaden. Es wirkt auch auf Geist und Seele klärend, aufhellend und aufheiternd. – „Heiße Sieben" (5 – 10 Tabl. In heißem Wasser)

Nr. 7 Magnesium phosphoricum - Schlüsselmerkmale

Nerven, Hohlorgane: gestresst, verkrampft oder auch gelähmt.

Absonderungen: gestaut

Empfindungen und Schmerzen: anfallsartig, durchdringend, stechend, scharf, schneidend, bohrend, blitzartig, elektrisierend, zuckend, ausstrahlend, neuralgisch, krampfartig, kommend und gehend, brennend, aufgebläht, aufgetrieben, blockiert, gestaut, verstopft, zusammengezogen, verkrampft.

Zeitphänomene: für akute, aber auch für chronische Erkrankungen, es hat Sofortwirkung, jedoch relativ wenig Tiefenwirkung

Homöopathische Besonderheiten und Leitsymptome

Verschlimmerung
- durch Kälte in jeder Form
- durch Bewegung
- auffallende Verschlimmerung nachts und am frühen Morgen,
- leichte Berührungen

Besserung
- fester Druck besser
- durch wärme, besonders feuchte Wärme (Umschläge, Wickel)

Nr. 8 Natrium chloratum D 6

Dünndarm – Meridian, Element – Feuer, Thermik – kühlend

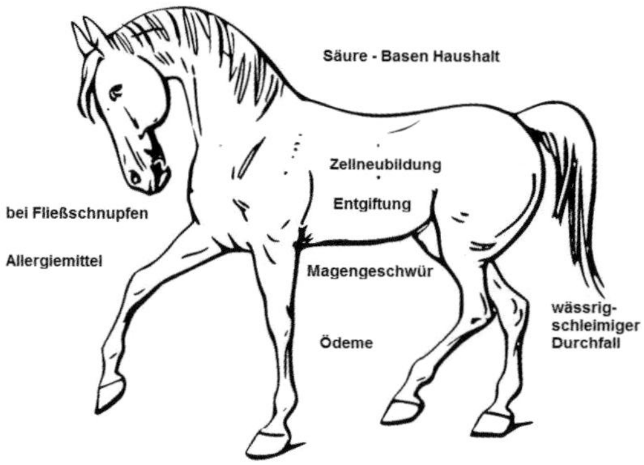

Nr. 8 zieht Wasser an, regelt den Wasserhaushalt des Organismus, entwässert und bewässert das Bindegewebe und spielt eine Hauptrolle bei der Neubildung der Zellen, vor allem auch der roten Blutkörperchen. Es wirkt blutbildend. Es ist ein Stoffwechselmittel, macht Toxine ausscheidungsfähig und bildet die im Magen erforderliche Salzsäure. Das homöopathisch aufbereitete Kochsalz ist ein großes Heilmittel auch von schweren Störungen des Geistes und Gemütes.

Nr. 8 Natrium chloratum – Schlüsselmerkmale

Haut, Augen, Ohren, Nase, Mund: borkig, Schorfig, honiggelbe harzige Krusten, trocken, unrein, juckend, entzündlich, eitrig, wund, geschwollen, verklebt, rissig

Absonderungen: klebrig, harzig, ätzend, wässrig, klar, durchsichtig, salzig, bitter, schleimig, dickflüssig, übelriechend, hart, krümelig.

Empfindungen und Schmerzen: (besonders Haut, Augen, Ohren, Nase, Mund): trocken, rau, kratzend, kitzelnd, juckend, brennend, stechend, zuckend, verstopft, pulsierend, klopfend, zitternd.

Zeitphänomene: unmittelbare Wirkung, oft jedoch auch für veraltete, lange zurückliegende Ursachen. Tiefenwirkung

Homöopathische Besonderheiten und Leitsymptome

Verschlimmerung

- großes Verlangen nach Salz
- großer Durst

Verschlimmerung

- durch körperliche Anstrengung
- durch Kälte und kaltes Wetter
- durch Hitze und Sonnenbestrahlung

Verbesserung

- spätnachmittags bis abends
- trocken warme Luft

Achtung:

- Nur bei eindeutiger Indikation anwenden
- höchstens vier Wochen verwenden, dann mindestens vier Wochen pausieren

Nr. 9 Natrium phosphoricum D 6

Nieren – Meridian, Element – Wasser, Thermik – neutral

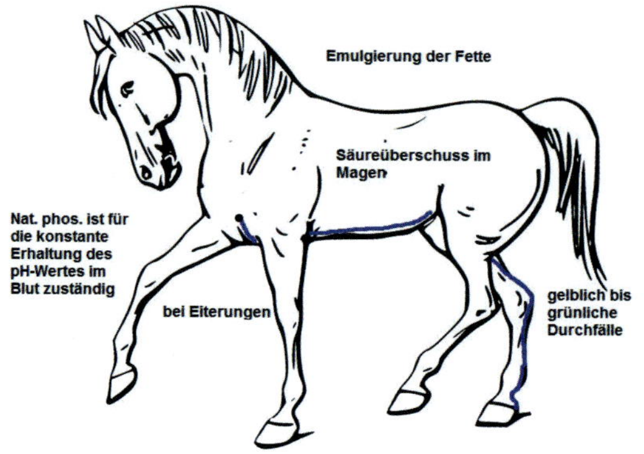

Nr. 9 neutralisiert die Überproduktion von Säuren im Organismus, auch überschüssige Magensäuren. Es regt den Stoffwechsel an und ist bei Übergewicht nützlich. Es fördert die Ausscheidung in Nieren, Blase und wirkt durch Unterstützung des physiologischen Verbrennungsprozesses auf die allgemeine körperliche Leistungsfähigkeit positiv ein.

Nr. 9 Natrium phosphoricum – Schlüsselmerkmale

Haut: fettig, schwitzig, pustelig, unrein, sauer, eitrig, krustig

Ausscheidungen: goldgelb, honiggelb, gelbgrün, dünnflüssig, sauer, ätzend, scharf.

Empfindungen und Schmerzen: sauer, scharf, ätzend

Zeitphänomene: bei akuten Übersäuerungs-Problem oft schnell wirkend. Bei über die Jahre angesammelten Ablagerungen langsam und tief wirkend.

Homöopathische Besonderheiten und Leitsymptome

Verschlimmerung

- durch zu fette Futtermittel

Verbesserung

- durch Licht

Nr. 10 Natrium sulfuricum D 6

Gallen – Meridian, Element – Holz, Thermik – erwärmend

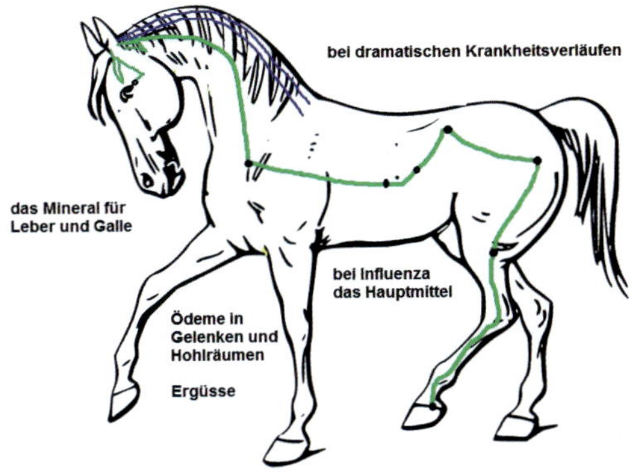

Nr. 10 reguliert die Gewebsflüssigkeiten, entzieht den abzubauenden Stoffen das Wasser, bringt sie so zum Zerfallen und sorgt auch für den Abbau der weißen Blutkörperchen. Es wirkt auf die Tätigkeit des Dickdarms ein, ist am Zuckerstoffwechsel beteiligt und ist generell überall da anzuwenden, wo der Stoffwechsel schwach ist. Natrium sulfuricum ist das wichtigste Ausscheidungsmittel der Biochemie und ist als Leberfunktionsmittel von größter Bedeutung.

Natrium sulfuricum – Schlüsselmerkmale

Haut: gelbgrün, grünlich fleckig, rot entzündlich

Absonderungen: gelb-grünlich, braun-grünlich, eitrig

Empfindungen und Schmerzen: geschwollen, wässrig, gebläht, verstopft.

Zeitphänomene: auf akute Probleme unmittelbar und schnell wirkend. Auf chronische und tiefsitzende Erkrankungen tiefe Wirkung bei langdauernder Einnahme.

Homöopathische Besonderheiten und Leitsymptome

Verschlimmerung
- bei nasskaltem Wetter, feuchtem Klima, bei Nebel

Verbesserung
- in trockener, warmer Luft, durch Wärmeanwendungen

Nr. 11 Silicea D 12

Milz – Meridian, Element – Erde, Thermik – erwärmend

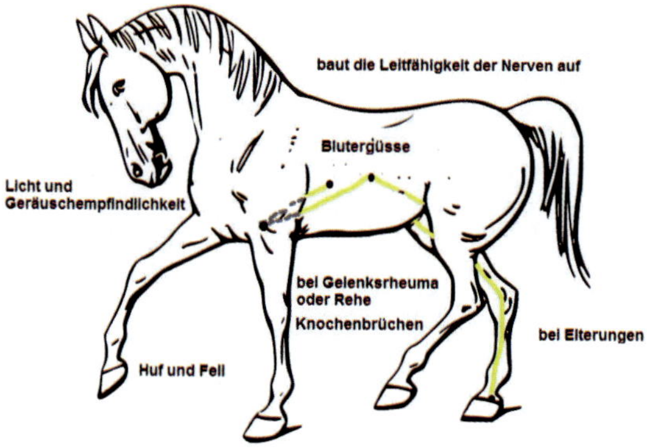

Nr. 11 ist ein bedeutendes Nervenmittel, ein Stärkungsmittel und ein Regenerationsmittel, das auch die Widerstandsfähigkeit gegen Reize aller Art steigert. Es ist zudem ein Stoffwechselmittel, das neben all seinen aufbauenden auch resorbierende Kräfte auf entzündliche Gewebsprozesse besitzt. Es hat einen außerordentlich umfassenden Wirkungskreis mit einer Vielzahl von Heilanzeigen.

Silicea – Schlüsselmerkmale

Haut, Nerven, Sinnesorgane: überempfindlich, leicht verletzlich, leicht entzündlich, leicht eitrig, geschwürig, fistelbildend, blutend, juckend, rissig, brüchig, narbig, verhärtend, zäh, hart, gestaut, stockend, ablagernd.

Absonderungen: übelriechend, stinkend

Empfindungen und Schmerzen: nässend, juckend, übelriechend, faulig, entzündlich, feurig – gerötet, hitzig, geschwollen.

Zeitphänomene: Krankheiten über Jahrzehnte aufgebaut,
langsam und tiefgreifend wirkend

Homöopathische Besonderheiten und Leitsymptome

Allgemein

- Überempfindlichkeit der Haut und Schmerzempfindlichkeit des ganzen Körpers
- fühlt jede Wetterveränderung
- Neigung zum Schwitzen, besonders am Kopf

• Eiterungen
• Folgen von Erkältungen und Durchnässung
• Folgen von Impfvergiftungen

Verschlimmerung
• durch Kälte, Nässe, Wetterwechsel
• durch kalte Luft
• im Winter
• bei Bewegung

Verbesserung
• durch Wärme

Nr. 12 Calcium sulfuricum D 6

Dickdarm – Meridian, Element – Metall, Thermik – kühlend

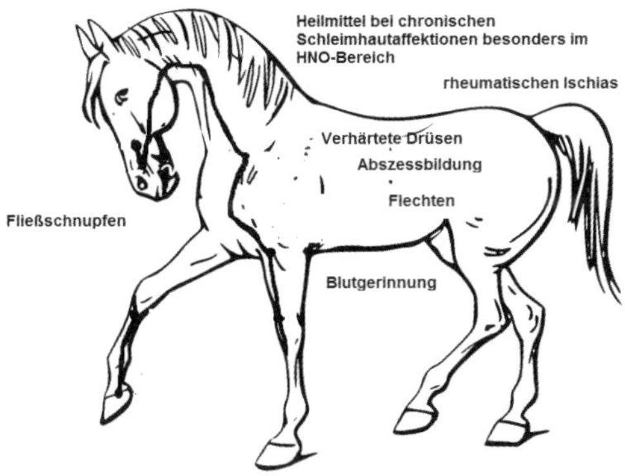

Nr. 12 klärt die Lymphe, entfernt Abbauprodukte aus dem Körper und ist ein Hauptmittel bei Eiterungen, Abszessen. Es reinigt, regt den Stoffwechsel an und unterstützt die Blutgerinnung (gut bei Blutergüssen).

Calcium sulfuricum – Schlüsselmerkmale

Haut: eitrig, krustig fistelbildend

Absonderungen: gelbgrün–blutig–eitrig, reichlich, dickflüssig, eitrig–schleimig, krustig

Empfindungen und Schmerzen: eher sanft

Zeitphänomene: für akute Krankheitserscheinungen, doch auch tiefgreifend wirksam

Das Entzündungsschema

Alle Entzündungen laufen nach den immer gleichen Regeln ab.
Zudem findet man immer wieder die typischen vier Anzeichen:

- Rötung (Rubor)
- Wärme (Calor)
- Schwellung (Tumor)
- Schmerz (Dolor)

Dr. Schüßler hat in Folge der drei Entzündungsstadien drei Salze bestimmt, die zu diesen Stadien passen:

- **Ferrum phosphoricum** (im ersten Stadium)
- **Kalium chloratum** (im zweiten Stadium)
- **Kalium sulfuricum** (im dritten Stadium)

Die drei Entzündungsstadien erkennt man an den folgenden Anzeichen:

- Erstes Entzündungsstadium: Erste Symptome treten auf
- Zweites Entzündungsstadium: Die Krankheit hat sich festgesetzt, es treten deutliche Beschwerden auf.
- Drittes Entzündungsstadium: Die Heilung beginnt.

Ausnahmen
Schnupfen und Insektenstiche können in der ersten Stunde zusätzlich mit Nr. 8 Natrium chloratum behandelt werden. Harnwegsentzündungen oder Blasenentzündungen kann man in der ersten Stunde zusätzlich mit Nr. 9 Natrium phosphoricum behandeln.

Einige Anwendungsbeispiele:

Arthrose
Für den Anwendungsbereich Arthrose bei Pferden kann man die folgenden Schüssler-Salze anwenden:

- Nr. 6 Kalium Sulfuricum
- Nr. 8 Natrium Chloratum
- Nr. 12 Calcium Sulfuricum

Mittel-Auswahl
Sie können wahlweise nur eine Schüßler Salz-Sorte für Ihr Pferd auswählen, eine kleine Anzahl von drei Sorten wählen oder alle Sorten, die in Frage kommen.

Einnahme
Am besten löst man die Tabletten in Wasser auf und verabreicht sie dem Pferd in einer nadellosen Spritze.
Manche Pferde trinken auch gerne Wasser mit den aufgelösten Schüßler Salzen oder sie nehmen die aufgeweichten Tabletten unter das Futter gemischt.

Dosierung
Die normale Dosierung für Pferde ist:
7 - 10 Tabletten je Anwendung

Augenentzündung
- Nr. 4 Kalium Chloratum
- Nr. 6 Kalium Sulfuricum
- Nr. 11 Silicea

Hufabszess
- Nr. 3 Ferrum Phosphoricum
- Nr. 10 Natrium Sulfuricum
- Nr. 11 Silicea
- Nr. 12 Calcium Sulfuricum

Hufbildungs-Störungen
- Nr. 1 Calcium Fluoratum

Hufrehe
- Nr. 7 Magnesium Phosphoricum
- Nr. 9 Natrium Phosphoricum
- Nr. 10 Natrium Sulfuricum

Kissing Spine
- Nr. 1 Calcium Fluoratum
- Nr. 2 Calcium Phosphoricum
- Nr. 10 Natrium Sulfuricum
- Nr. 12 Calcium Sulfuricum

Koliken
- Nr. 7 Magnesium Phosphoricum

Kreuzverschlag
- Nr. 1 Calcium Fluoratum
- Nr. 7 Magnesium Phosphoricum
- Nr. 9 Natrium Phosphoricum
- Nr. 10 Natrium Sulfuricum

Kronrandspalten
- Nr. 1 Calcium Fluoratum
- Nr. 2 Calcium Phosphoricum
- Nr. 11 Silicea

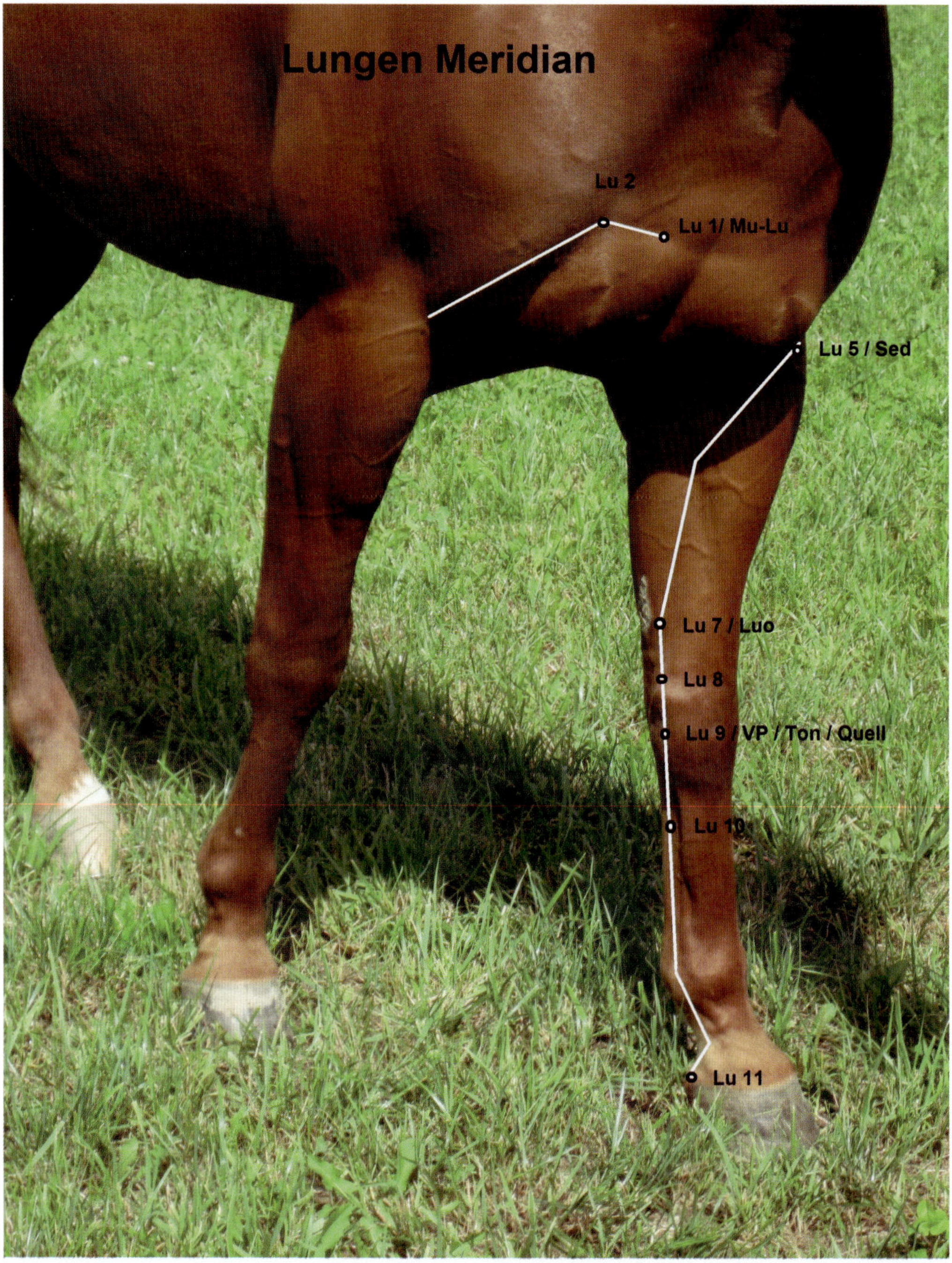
Lungen Meridian
Lu 2
Lu 1/ Mu-Lu
Lu 5 / Sed
Lu 7 / Luo
Lu 8
Lu 9 / VP / Ton / Quell
Lu 10
Lu 11

Lu 1	Oberkante Brustbein, 2 QF lateral (von der Mitte weg, seitwärts)
	Alarm-*Mu*-Punkt-Lunge
Lu 2	In der Septe des oberflächlichen Brustmuskels und des Armkopfmuskels in Höhe Oberarmbeinkopf
	Im Verlauf der Septe zu Lu 5
Lu 5	Lat. der Sehne Lacertus fibrosus am Übergang Rumpf / Bein
	Wasser-Punkt, Sedierungs-Punkt Beininnenseite vor der Kastanie zu
Lu 7	2 QF über der Oberkante Karpalgelenk, 2 QF vor der hinteren Beinmitte
	Lo-Punkt, Öffnungspunkt Konzeptionsgefäß
Lu 8	Oberkante Karpalgelenk, 2 QF vor der hinteren Beinmitte
	Metall-Punkt
Lu 9	2 QF (Querfinger) unter Lu 8 (Mitte Karpalgelenk)
	Erd-Punkt, Vorzüglicher-Punkt, Tonisierungs-Punkt, Quell-Punkt
Lu 10	Am hinteren Rand/ Ende des Griffelbeins, Innenseite Bein 5 QF unter Lu 9
	Feuer-Punkt
Lu 11	Innere Ballenecke
	Holz-Punkt

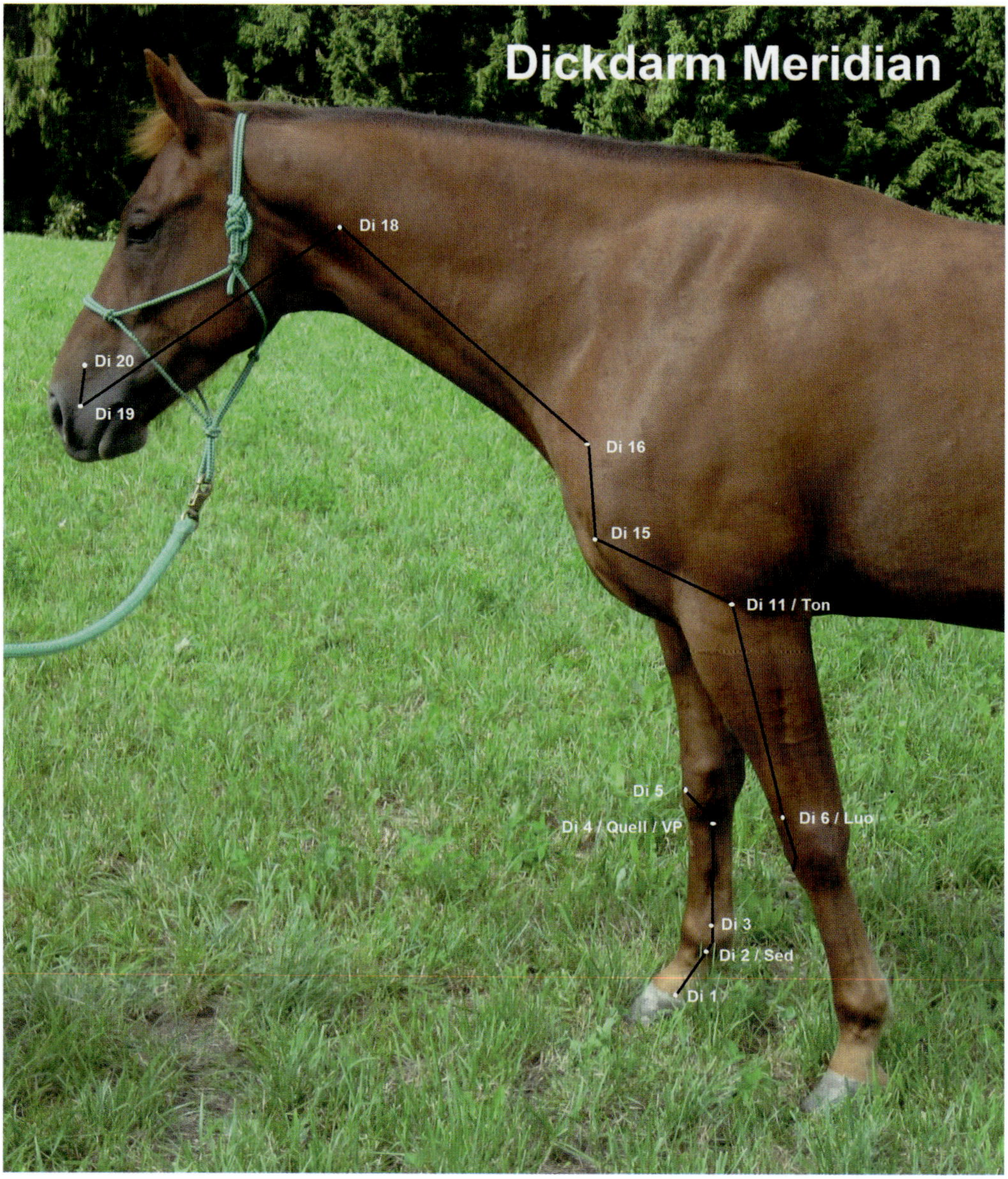
Dickdarm Meridian
Di 18
Di 20
Di 19
Di 16
Di 15
Di 11 / Ton
Di 5
Di 4 / Quell / VP
Di 6 / Luo
Di 3
Di 2 / Sed
Di 1

Di 1	Kronsaum / Innenseite Bein / Mitte
	Metall-Punkt
Di 2	Unterkante Fesselkopf – Mitte Innenseite Bein
	Wasser-Punkt, Sedierungs-Punkt
Di 3	Oberkante Fesselkopf, vor der Zehenbeuger-Sehne
	Holz-Punkt
Di 4	Unterkante Karpalgelenk, Mitte Röhrbein
	Quell-Punkt, Vorzüglicher-Punkt
Di 6	Vordere Beinmittellinie 1 QF lateral 3 QF oberhalb Oberkante Karpalgelenk
	Lo-Punkt
Di 5	2 QF (Querfinger) unter Lu 8 (Mitte Karpalgelenk)
	Erd-Punkt, Vorzüglicher-Punkt, Tonisierungs-Punkt, Quell-Punkt
Di 11	Unterkante des 3-köpfigen Oberarm-Muskel – 3 QF vor der seitlichen Mitte des Beins
	Erd-Punkt, Tonisierungs-Punkt
Di 15	vordere Bugspitze
Di 16	1 Handbreite und 3 QF über Di 15
	entlang im unteren 1/3 des Armkopfmuskels bis zu
Di 18	Höhe Kehlkopf - 1 Handbreite lateral der vorderen Körpermitte
Di 19	1 QF vor der Nüster
Di 20	zwischen dem Nasenlippenheber und Nasenmuskel

Ma 1	Untere Augenarkade Mitte
Ma 2	3 QF unter Ma 1, Richtung Maul
Ma 4	1 QF hinter dem Maulwinkel
Ma 5	am Vorderrand des Kaumuskels in einer Grube
Ma 6	Linie Augen - Kieferbogen, unteres 1/3

Ma 7	2 QF hinter dem Augenwinkel
Ma 8	2 QF über Ma 7 auf dem Hirnschädel
Ma 11	Schlundende
Ma 12	2 QF neben Ma 11, lateral
Ma 16	hinter dem Ellenbogen am Rumpf
	entlang der Dampf-Rinne
Ma 25	in der Dampf-Rinne, Höhe Nabel
	Alarm-Mu-Punkt - Dickdarm
Ma 30	auf der Spannhaut
Ma 31	1 Handbreit über Ma 30 auf der Verlängerungslinie in Richtung Schweifwurzel
Ma 35	unter dem äußeren Rand der Kniescheibe
Ma 36	1 Handbreite unter Ma 35
	Erd-Punkt, Vorzüglicher-Punkt
Ma 39	Unterschenkelmitte, 1 QF lateral der vorderen Beinmitte
Ma 40	2 QF neben Ma 39, Richtung Achillessehne
	Lo-Punkt
Ma 41	neben dem äußeren Seitenband des Sprunggelenks in einer Vertiefung
	Feuer-Punkt, Tonisierungs-Punkt
Ma 42	2 QF unter Ma 41 in einer Vertiefung
	Quell-Punkt
Ma 43	Oberkante Fesselkopf vor der Sehne
	Holz-Punkt
Ma 44	Unterkante Fesselkopf
	Wasser-Punkt
Ma 45	Kronsaum, 1 QF neben der vorderen Beinmitte
	Metall-Punkt, Sedierungs-Punkt

Milz - Pankreas Meridian

MP 1	Kronsaum innen, Mitte
	Holz-Punkt
MP 2	Unterkante Fesselkopf - Mitte
	Feuer-Punkt, Tonisierungs-Punkt
MP 3	Oberkante Fesselkopf - Mitte
	Erd-Punkt, Quell-Punkt
MP 4	Röhrbein, Übergang Schaft - Kopf Unter dem Karpalgelenk
	Lo-Punkt
MP 5	1 QF senkrecht über MP 4
	Metall-Punkt, Sedierungs-Punkt
MP 6	1 Handbreit über der Oberkante Sprunggelenk, Hinterrand des Schienbeins. Kreuzungspunkt mit N 8
	Vorzüglicher-Punkt
MP 9	Beininnenseite am Schienbein - Übergang Schaft/ Kopf, unter dem Kniegelenk innere Beinmitte
	Wasser-Punkt Beininnenseite hinter der Kniescheibe vorbei
MP 10	Spannhaut - Innenseite
	über die Spannhaut nach außen zu
MP 16	16. Rippenspitze
MP 20	Verlängerung der vorderen Beinlinie auf dem Brustmuskel, 4 QF neben der ventralen Körpermitte
MP 21	6. ICR (Verlängerung der Linie Ende Widerrist - Verlängerung der Linie Unterkante Buggelenk)

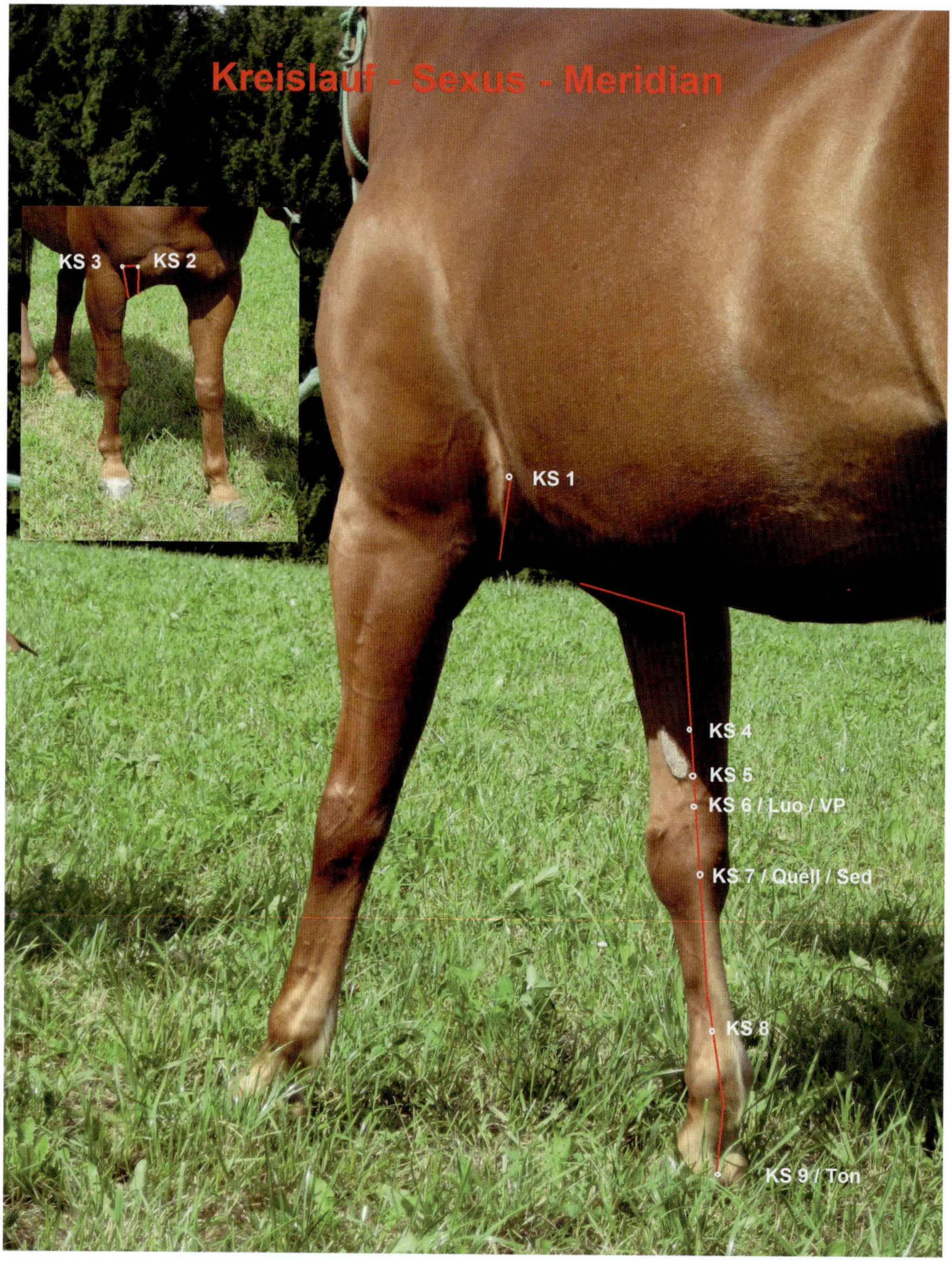
Kreislauf - Sexus - Meridian
KS 3
KS 2
KS 1
KS 4
KS 5
KS 6 / Luo / VP
KS 7 / Quell / Sed
KS 8
KS 9 / Ton

KS 1	1 Handbreite über dem Ellenbogenhöcker, am Rumpf
KS 2	Vorderansicht Buggelenk, 2 Handbreiten nach unten auf dem Brustmuskel in der Muskelsepte
KS 3	2 - 3 QF neben K S 2 vor der Bicepssehne
	Wasser-Punkt
KS 4	Höhe oberer Ran d der K astanie zwischen dem radialen und ulnaren Beuger des Karpalgelenks
KS 5	hintere - untere Kante der Kastanie
	Metall-Punkt
KS 6	2 QF über der Ob erkante Karpalgelenk zwischen dem radialen und ulnaren Beuger des Karpalgelenks
	Vorzüglicher-Punkt, Lo-Punkt
KS 7	Beininnenseite Übergang Vorderfußknochen/ Speiche im hinteren Drittel des Beines
	Erd-Punkt, Quell-Punkt, Sedierungs-Punkt
KS 8	Beininnenseite, 2 QF über der Oberkante Fesselkopf vor der Beugesehne
	Feuer-Punkt
KS 9	Kronsaum über dem Strahl
	Holz-Punkt, Tonisierungs-Punkt

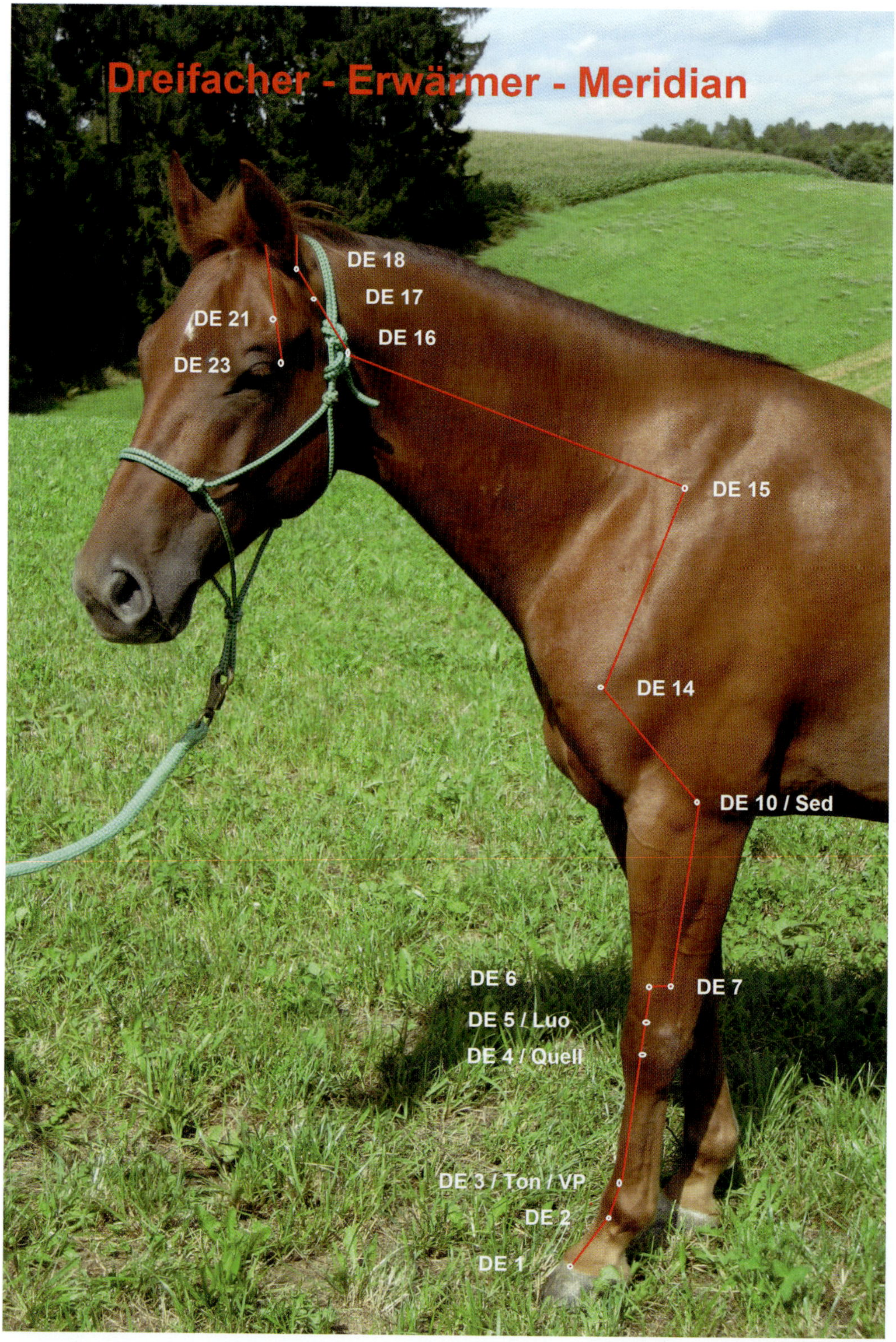
Dreifacher - Erwärmer - Meridian
DE 18
DE 17
DE 21
DE 16
DE 23
DE 15
DE 14
DE 10 / Sed
DE 6
DE 7
DE 5 / Luo
DE 4 / Quell
DE 3 / Ton / VP
DE 2
DE 1

DE 1	Vorderbein, Kronsaum außen, 1 QF neben der vorderen Beinmittellinie
	Metall-Punkt
DE 2	Unterkante Fesselkopf, Mitte auf dem Fesselträger
	Wasser-Punkt
DE 3	Oberkante Fesselkopf 1 - 2 QF neben der vorderen Mittellinie vor der Zehenbeugersehne
	Holz-Punkt, Tonisierungs-Punkt, Vorzüglicher-Punkt
DE 4	Mitte Karpalgelenk 2 QF neben der vorderen Mitte
	Quell-Punkt
DE 5	Oberkante Karpalgelenk 2 QF neben der vorderen Mitte
	Lo-Punkt
DE 6	2 QF über DE 5
	Feuer-Punkt
DE 7	1 - 2 QF neben DE 6, zwischen den vorderen Zehenstreckern
DE 10	Beinaußenseite - Ellenbogengelenkspalt
	Erd-Punkt, Sedierungs-Punkt
DE 14	Mitte Buggelenk
DE 15	2 QF vor dem vorderen Schulterblattrand und 2 Handbreiten neben der hinteren Körpermitte (LG)
DE 16	Hinterrand des Atlas - Halsmitte
DE 17	Übergang Kieferwinkel/ Hals, 2 QF unter dem Ohransatz
DE 16	Hinterrand des Atlas - Halsmitte
DE 18	am Ohransatz
	dann hinter dem Ohr eng herum
DE 21	Oberkante Jochbein
DE 23	Unterkante Jochbein hinter dem Auge

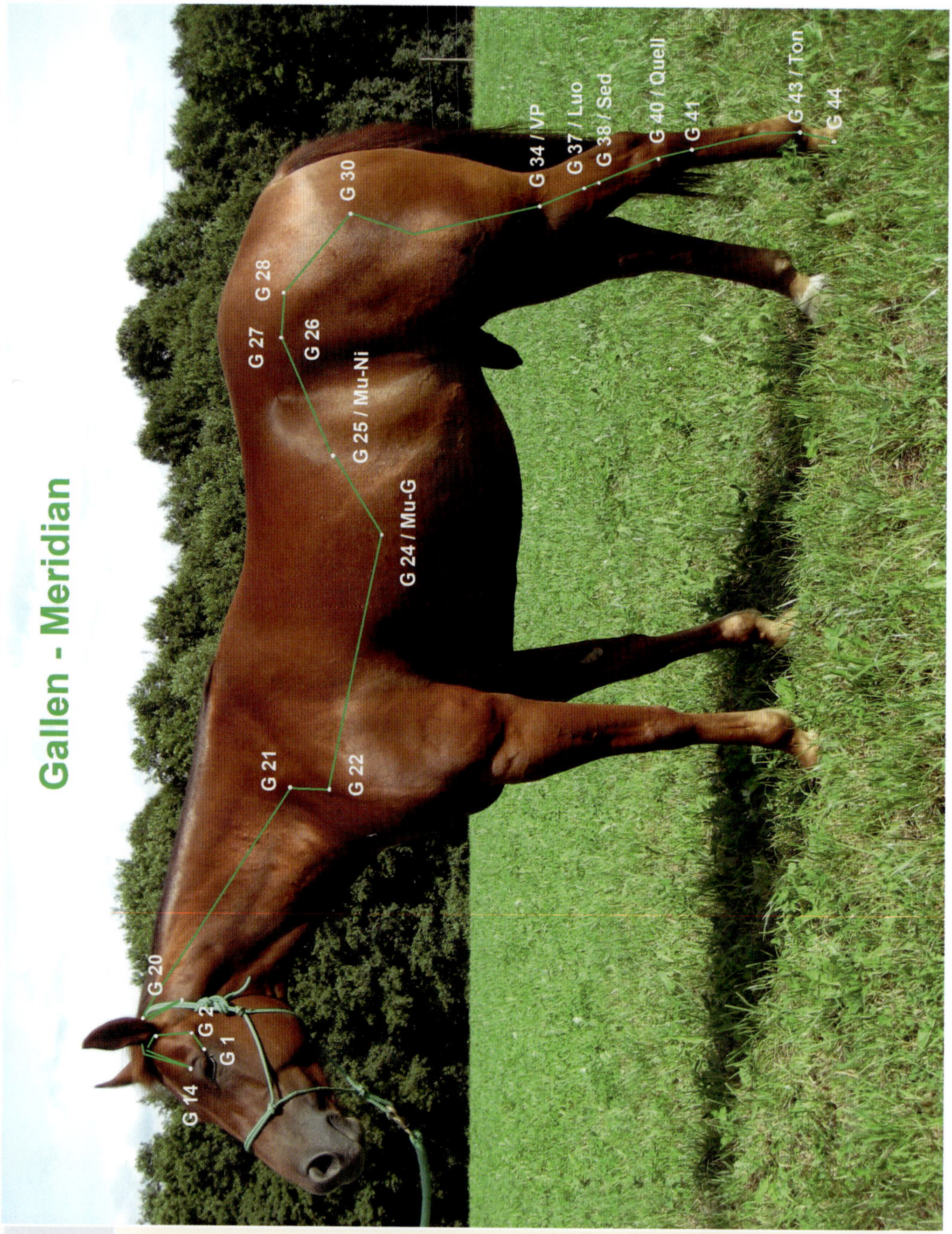

G 1	1 QF neben dem äußeren Augenwinkel unter dem Jochbein
G 2	auf dem Jochbein 3-4 QF hinter dem Auge
G 4	am Ohrgrund oberhalb der Ohröffnung
	in 1 QF Abstand um das Ohr herum

G 12	zwischen Kieferbogen und Atlasflügel - in der Verlängerung der Linie äußerer Augenwinkel
	zurück auf
G 14	Mitte Auge auf der knöchernen Struktur zwischen G- und Bl-Meridian
G 20	am Übergang Genick - Atlas 2 QF neben dem Lenkergefäß (LG)
G 21	am Übergang Hals - Rumpf unter der Trapeziusspitze
G 22	Vorderrand Schulterblatt eine Handbreite über dem Buggelenk
G 24	Mitte Rumpf
	Alarm-*Mu*-Punkt-Galle
G 25	am Ende der letzten Rippe
	Alarm-*Mu*-Punkt-Niere
G 26	1-2 QF vor dem Hüfthöcker
G 27	Mitte Hüfthöcker
G 28	auf dem Darmbein Übergang Hüfthöcker-Darmbein
G 30	Hinter der Mitte des Oberschenkelbeinkopfes
G 34	Beinaußenseite Mitte - Höhe Kniekehle (Ende Wadenbein)
	Erd-Punkt, Vorzüglicher-Punkt
G 37	Unterschenkelmitte (Beinaußenseite)
	Lo-Punkt
G 38	2 QF unter G 37
	Feuer-Punkt, Sedierungs-Punkt
G 40	Beinaußenseite Sprunggelenk Mitte
	Quell-Punkt
G 41	Beinaußenseite Mitte am oberen Übergang Schaft-Kopf vom Röhrbein
	Holz-Punkt, Öffnungspunkt *Dai Mai*
G 43	Beinaußenseite Mitte, Unterkante Fesselkopf
	Wasser-Punkt, Tonisierungs-Punkt
G 44	Kronsaum Außen Mitte
	Metall-Punkt

Leber - Meridian
Le 12
Le 11
Le 13 / Mu-MP
Le 14 / Mu-Le
Le 8 / Ton
Le 5 / Luo
Le 4
Le 3 / Quell / VP
Le 2 / Sed
Le 1

Le 1	Hinterbein - Innenseite, Kronsaum 1 QF neben der vorderen Mitte
	Holz-Punkt
Le 2	Unterkante Fesselkopf - vorderes Beindrittel
	Feuer-Punkt, Sedierungs-Punkt
Le 3	Halbierungsstrecke Röhrbein, vorderes Beindrittel
	Erd-Punkt, Quell-Punkt, Vorzüglicher-Punkt
Le 4	Mitte Sprunggelenk, vorderes Beindrittel in einer Vertiefung
	Metall-Punkt
Le 5	Schienbeininnenseite, 1 Handbreite über der Oberkante Sprunggelenk im vorderen Beindrittel
	Lo-Punkt
Le 8	Beininnenseite, 1 QF vor dem Kniegelenksspalt
	Wasser-Punkt, Tonisierungs-Punkt
Le 11	Außenseite Spannhaut
Le 12	Mitte der Flanke
Le 13	17. Rippenspitze
	Alarm-*Mu*-Punkt-Milz/Pankreas
Le 14	6. Zwischenrippenraum, 1 Handbreite Oberhalb der Dampfrinne
	Alarm-*Mu*-Punkt-Leber

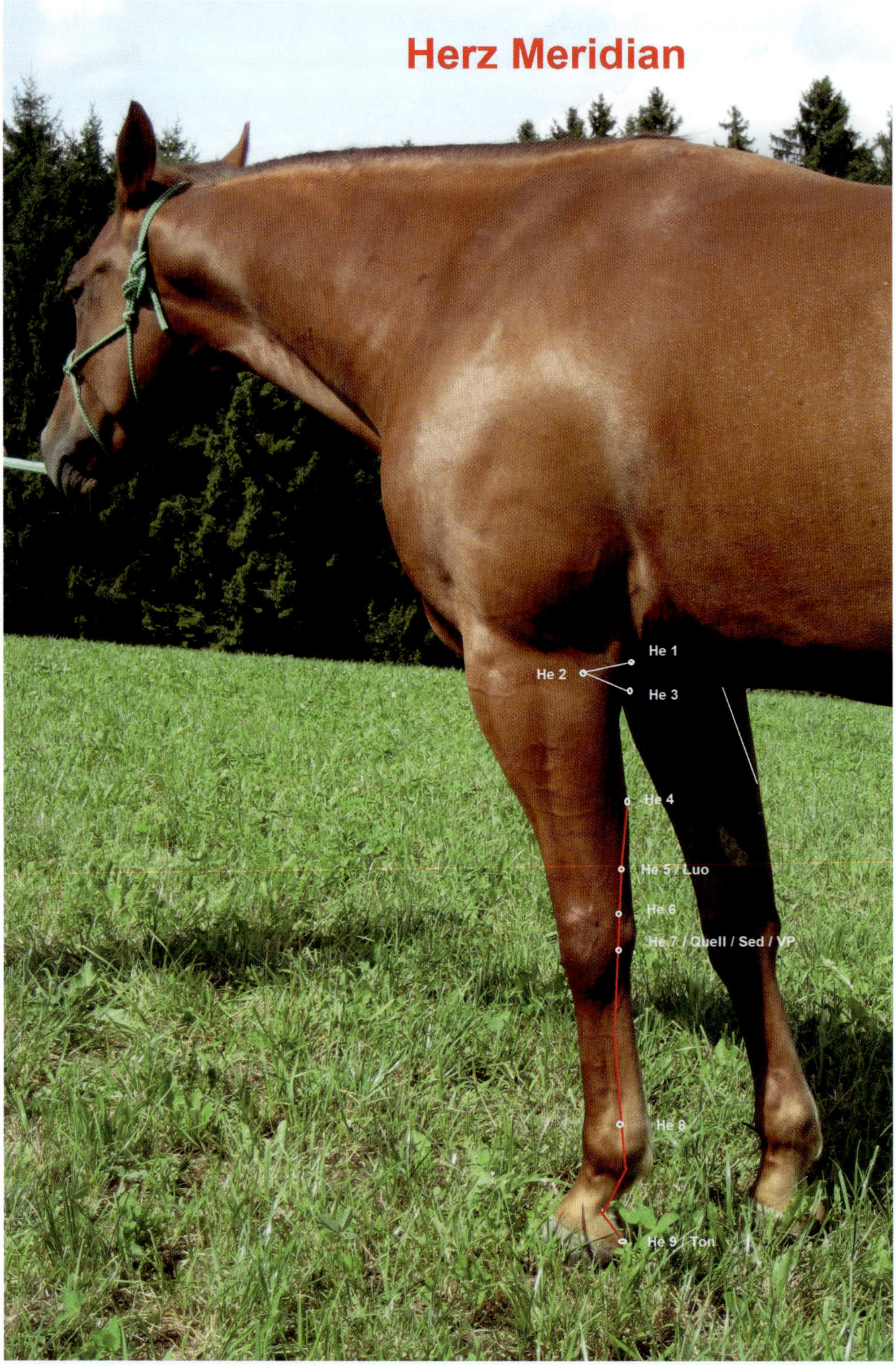
Herz Meridian
He 1
He 2
He 3
He 4
He 5 / Luo
He 6
He 7 / Quell / Sed / VP
He 8
He 9 / Ton

He 1	hinter dem Ellenbogenhöcker am Rumpf
He 2	Beininnenseite im hinteren Drittel Übergang Rumpf/ Bein
He 3	Beininnenseite 2 QF neben der hinteren Mittellinie am Ellenbogenhöcker
	Wasser-Punkt
He 4	4 QF oberhalb der Kastanie Beinaußenseite, 1 QF neben der hinteren Mittellinie
	Metall-Punkt
He 5	2 QF oberhalb Karpalgelenk im hinteren 1/4 des Beines außen
	Lo-Punkt
He 6	Oberkante Karpalgelenk zwischen den ulnaren Strecksehnen
He 7	Mitte Karpalgelenk außen zwischen den ulnaren Strecksehnen
	Erd-Punkt, Quell-Punkt, Sedierungs-Punkt, Vorzüglicher Punkt
He 8	Oberkante Fesselkopf in der hinteren Vertiefung
	Feuer-Punkt
He 9	äußere Ballenecke
	Holz-Punkt, Tonisierungs-Punkt

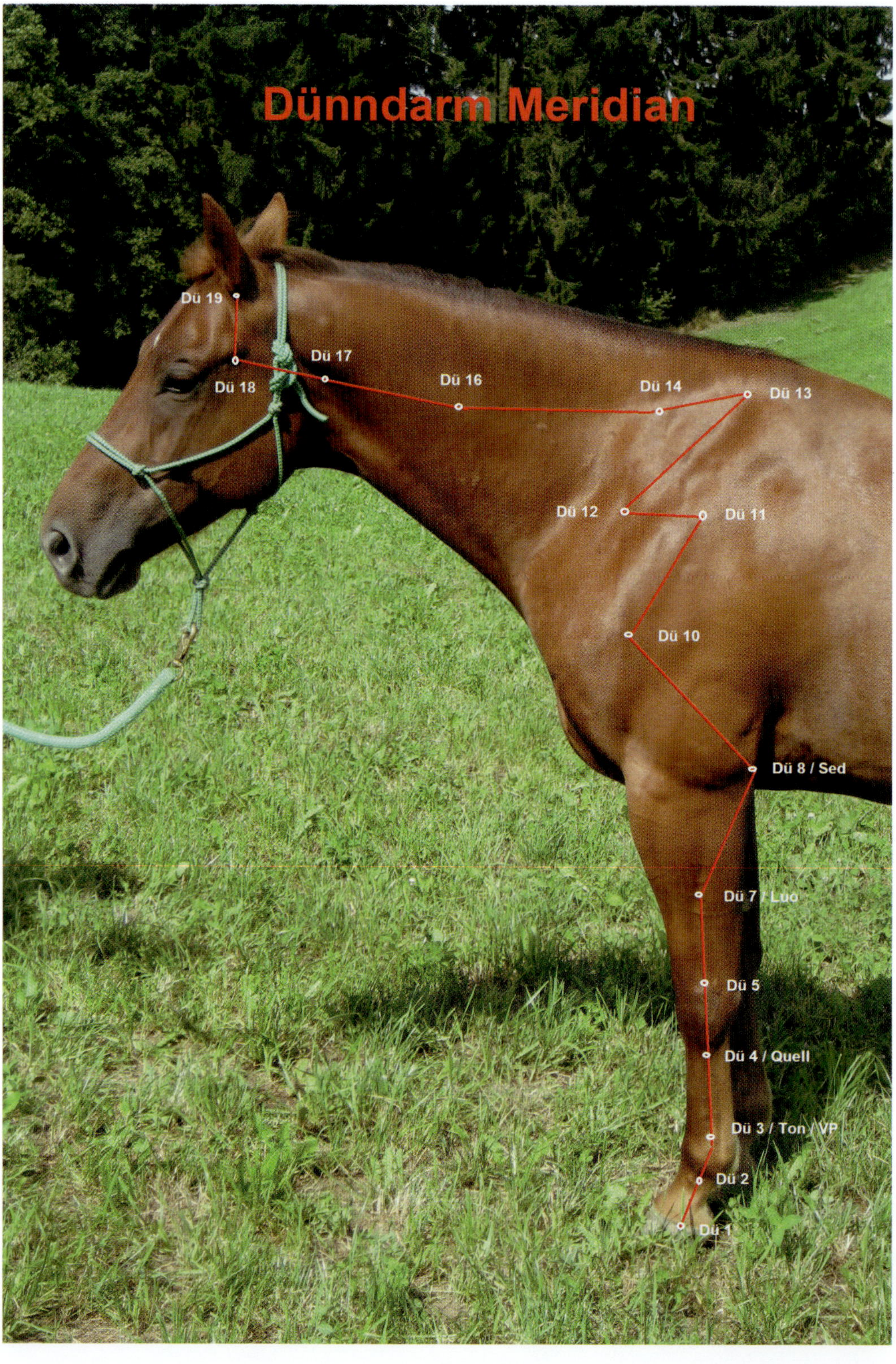

Dünndarm Meridian
Dü 19
Dü 17
Dü 18
Dü 16
Dü 14
Dü 13
Dü 12
Dü 11
Dü 10
Dü 8 / Sed
Dü 7 / Luo
Dü 5
Dü 4 / Quell
Dü 3 / Ton / VP
Dü 2
Dü 1

Dü 1	Kronsaum, äußere Mitte
	Metall-Punkt
Dü 2	Unterkante Fesselkopf, Mitte
	Wasser-Punkt
Dü 3	Oberkante Fesselkopf, Mitte
	Holz-Punkt, Tonisierungs-Punkt, Vorzüglicher-Punkt Önnungspunkt Lenkergefäß
Dü 4	Unterkante Karpalgelenk, Mitte, 1QF nach oben
	Quell-Punkt
Dü 5	Oberkante Karpalgelenk, Mitte,1 QF nach unten
	Feuer-Punkt
Dü 7	Halbierungsstrecke Karpalgelenk und Ellenbogenhöcker
	Lo-Punkt
Dü 8	auf der hintern Kante des Ellenbogenhöckers
	Erd-Punkt, Sedierungs-Punkt
Dü 10	Buggelenk hinten
	entlang der hinteren Kante des Schulterblattes bis
Dü 11	auf dem Schulterblatt, auslaufende Schulterblattgräte (Knochenkamm)
Dü 12	neben Dü 11 am vorderen Rand des Schulterblattes
Dü 13	hinter dem Übergang Schulterblattknorpel und Schulterblattgräte
Dü 14	1 Handbreit von Vertiefung
Dü 16	Halsmitte
Dü 17	1 QF unter dem Querfortsatz des Atlas
Dü 18	Unterkante Jochbein, 4 QF hinter dem Augenwinkel
Dü 19	senkrecht von Dü 18 nach oben zur Ohröffnung

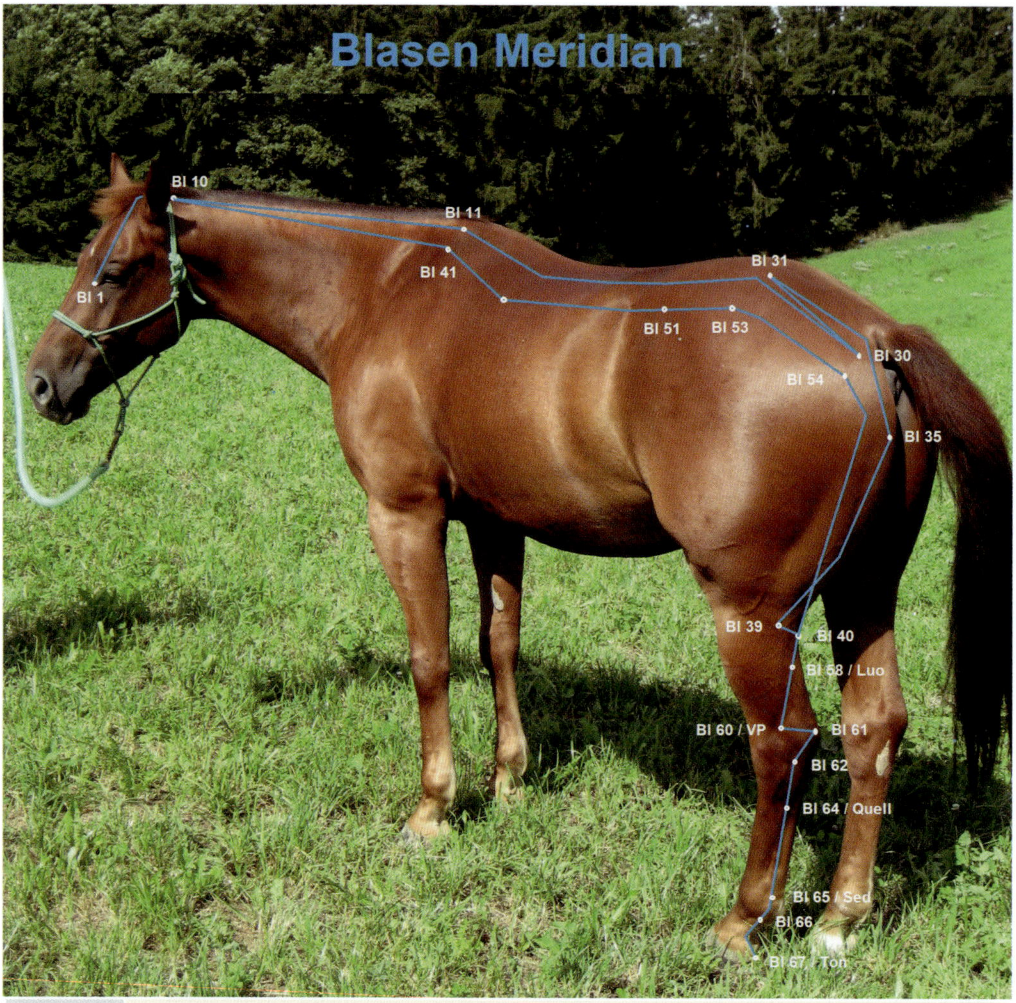

Bl 1	1 QF neben dem inneren Augenwinkel
	entlang der Stirnbeinkante bis zum Mähnenschopf
Bl 10	am hinteren Rand des Atlas neben der Mähne
Bl 11	Ende Mähne - Anfang Widerrist, 1 QF neben dem LG (Lenkergefäß - *Du Mai*)
	entlang Oberkante Schulterblattgräte 1 Handbreit neben dem LG bis
Bl 30	Höhe Anfang Schweifwurzel in einer Vertiefung
	zurück zu
Bl 31	Übergang letzter LWK / Kreuzbein, 2 QF neben dem LG entlang der seitlichen Kante der Kreuzwirbel (Kreuzbein)
Bl 35	Unterkante Sitzbeinhöcker

Bl 39	1 Handbreit neben der Kniekehle, Beinaußenseite
Bl 40	Kniekehle Beinaußenseite
	Erd-Punkt
Bl 58	Kniekehle 1 Handbreite nach unten neben der Achillessehne, Beinaußenseite
	Lo-Punkt
Bl 60	Oberkante Sprunggelenk in der tiefsten Grube
	Feuer-Punkt, Vorzüglicher-Punkt
Bl 61	Oberkante Fersenbein, 1 QF neben der hinteren Beinmitte - Beinaußenseite
Bl 62	unter dem erhabensten Höcker des Sprunggelenks, 2 QF neben der hinteren Beinmitte
Bl 64	oberer Übergang Schaft / Kopf des Röhrbeins im hinteren Drittel der Beinaußenseite
	Quell-Punkt
Bl 65	Oberkante Fesselkopf vor der Zehenbeuger-Sehne
	Holz-Punkt, Sedierungs-Punkt
Bl 66	Unterkante Fesselkopf
	Wasser-Punkt
Bl 67	äußere Ballenecke
	Metall-Punkt, Tonisierungs-Punkt
Äußerer Ast	
Bl 10	am hinteren Rand des Atlas neben der Mähne
Bl 41	vorderer Schulterblattrand - 1 Handbreit neben dem LG hinter dem Schulterblattrand - 2 Handbreiten neben dem Lenkergefäß (LG - *Du Mai*)
Bl 51	neben dem L G (Lenkergef äß - D*u Mai*) - Höhe 1 LWK, 2 Handbeiten neben dem LG
Bl 53	zwischen dem Hüfthöcker und dem inneren Blasenmeridian-Ast
Bl 54	Ende Darmbein am Übergang zum Sitzbein
Bl 40	Kniekehle
	der weiterer Verlauf wie der innere Blasenmeridian-Ast

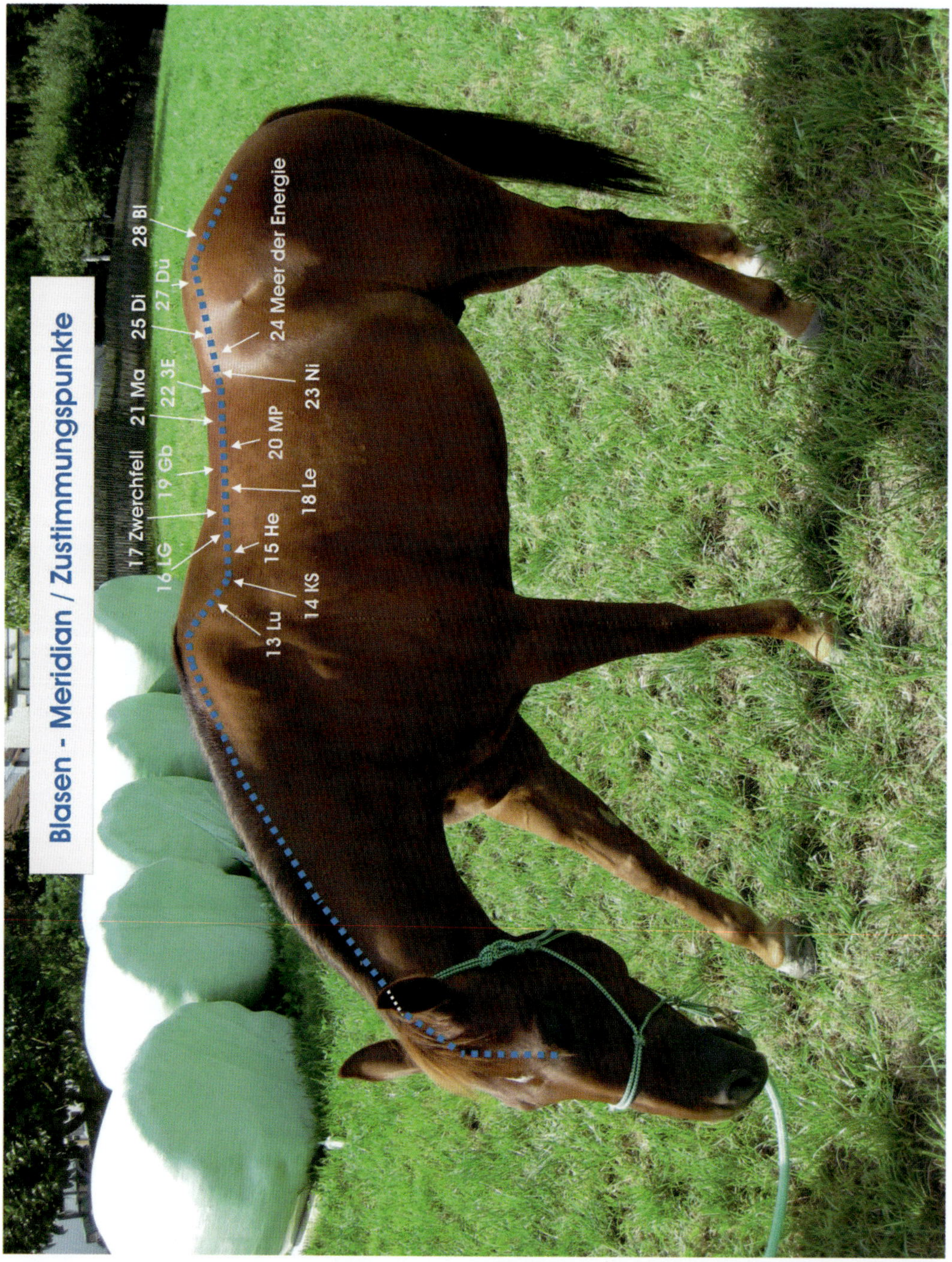
Blasen - Meridian / Zustimmungspunkte
13 Lu
14 KS
15 He
16 LG
17 Zwerchfell
18 Le
19 Gb
20 MP
21 Ma
22 3E
23 Ni
24 Meer der Energie
25 Di
27 Du
28 Bl

Bl 13	**ZU - Lu**	8. ICR, hinterer Schulterblattknorpel, 1 Handbreite neben dem LG (Lenkergefäß - *Du Mai*)
Bl 14	**ZU - KS**	9. ICR, w. o.
Bl 15	**ZU - He**	10. ICR, w. o.
Bl 16	**ZU - LG**	11. ICR, w. o.
Bl 17	**ZU - Zwerchfell**	12. ICR, w. o.
Bl 18	**ZU - Le**	13. ICR, w. o.
Bl 19	**ZU - G**	14. ICR, w. o.
Bl 20	**ZU - MP**	15. ICR, w. o.
Bl 21	**ZU - Ma**	16. ICR, w. o.
Bl 22	**ZU - DE**	17. ICR, w. o.
Bl 23	**ZU - Ni**	zwischen dem 2. und 3. LWK, w. o.
Bl 24	**ZU - Meer der Energie**	zwischen dem 3. und 4. LWK, w. o.
Bl 25	**ZU - Di**	zwischen dem 4. und 5. LWK, w. o.
Bl 27	**ZU - Dü**	höchste Stelle der Kruppe, w. o.
Bl 28	**ZU - Bl**	2 QF hinter Bl 27

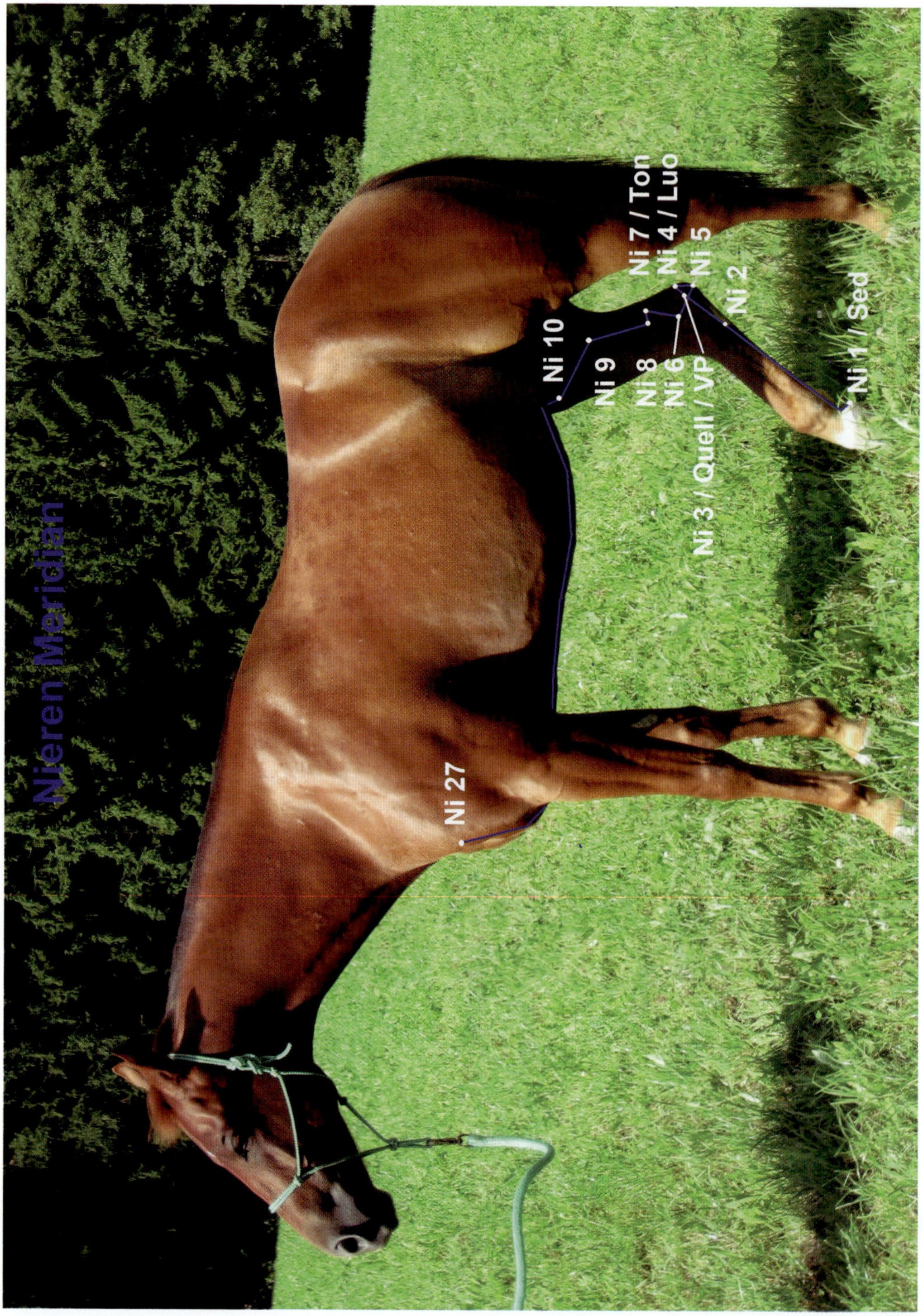
Nieren Meridian
Ni 27
Ni 10
Ni 9
Ni 8
Ni 6
Ni 3 / Quell / VP
Ni 7 / Ton
Ni 4 / Luo
Ni 5
Ni 2
Ni 1 / Sed

Ni 1	Hinterbein, Kronsaum über dem Strahl
	Holz-Punkt, Sedierungs-Punkt
Ni 2	Beininnenseite am Übergang Keilbein Rollbein
	Feuer-Punkt
Ni 3	Oberkante Sprunggelenk, Übergang Schienbein-Fersenbein (Vertiefung im hinteren Drittel)
	Erd-Punkt, Quell-Punkt, Vorzüglicher-Punkt
Ni 4	Oberkante Fersenbein
	Lo-Punkt
Ni 5	Unterkante Fersenbein
Ni 6	größte Vertiefung mitten im Sprunggelenk
Ni 7	1 Handbreit über der Oberkante des Sprunggelenks am Vorderrand der Achillessehne
	Metall-Punkt, Tonisierungs-Punkt
Ni 8	2 QF neben Ni 7, Richting vordere Beinmitte
Ni 9	1 Handbreite und 3 QF senkrecht über Ni 7 (unter dem Muskelspitz)
Ni 10	Kniegelenksspalt - Beininnenseite
	Wasser-Punkt 1 Handbreite neben der Körpermitte hinter dem Schlauch 1 Handbreit neben der Körpermitte entlang bis
Ni 27	Oberkante Brustbein, 1 Handbreit neben der Körpermitte

Notizen

Christian Winter
Massageausbildung in Wien
Betreuung einer Rehab - Abteilung eines Sport Med. Zentrums
Ausbildung in Akupunktur, Kinesiologie, Antlitz Diagnose, Organetik, Medi-Taping und Akupunktmassage am Pferd.
Danach Energetische Betreuung von Galopp- und Trabrennpferden auf Rennbahnen in Deutschland, Österreich und Italien.
Dozent für Medi-Taping und Akupunkt Meridian Massage (AMM) am Pferd.

WEITERE TITEL VON CHRISTIAN WINTER IM BACOPA VERLAG

Winter Christian, **Set mit 6 Tafeln. AMM und TCM am Pferd**
Alle 6 Lehr- und Lerntafeln im Set mit jeweils ca. 24 x 34 cm
ISBN: 9783903071872 30,00

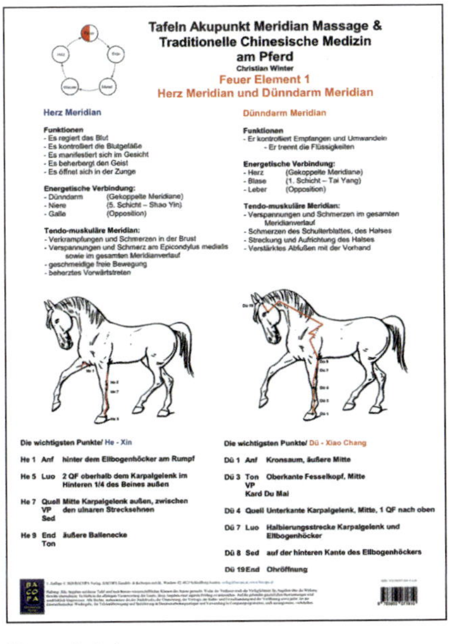

Winter Christian
Feuer Element 1. Herz und Dünndarm Meridian. AMM und TCM am Pferd
Lehr- und Lerntafel, ca. 24 x 34cm
ISBN: 9783903071810 6,00

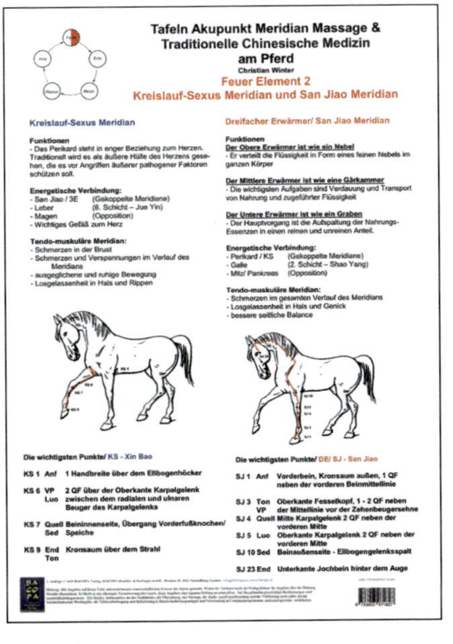

Winter Christian
Feuer Element 2. Kreislauf-Sexus und San Jiao Meridian. AMM und TCM am Pferd
Lehr- und Lerntafel, ca. 24 x 34cm
ISBN: 9783903071827 6,00

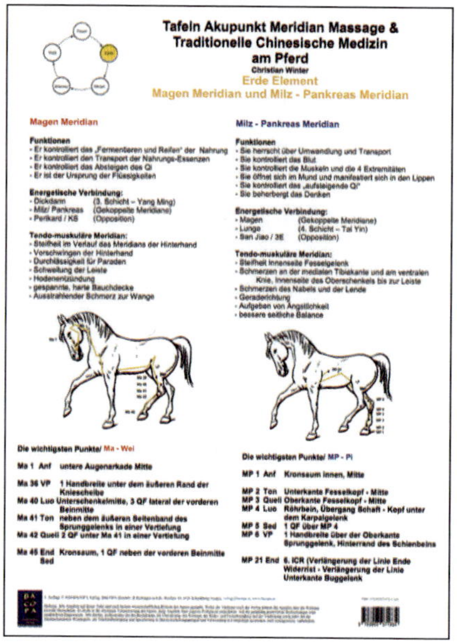

Winter Christian

Erde Element. Magen und Milz-Pankreas Meridian. AMM und TCM am Pferd

Lehr- und Lerntafel, ca. 24 x 34cm

ISBN: 9783903071834 6,00

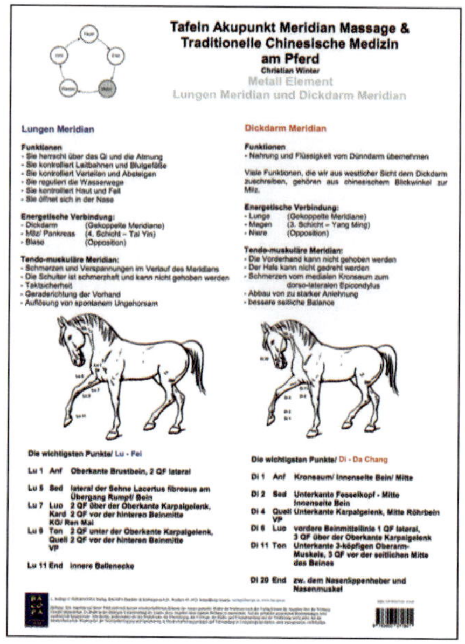

Winter Christian

Metall Element. Lungen und Dickdarm Meridian. AMM und TCM am Pferd

Lehr- und Lerntafel, ca. 24 x 34cm

ISBN: 9783903071841 6,00

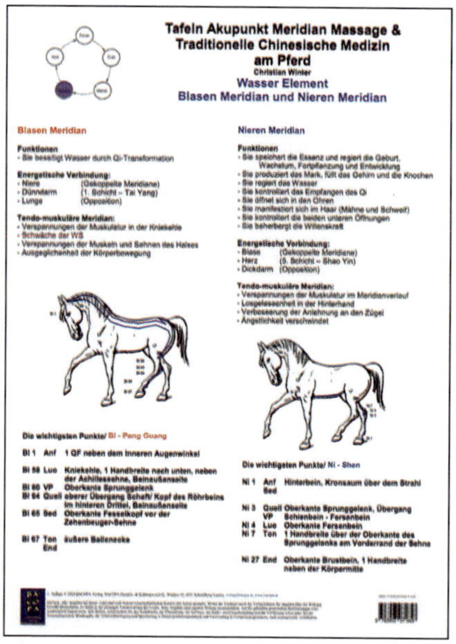

Winter Christian

Wasser Element. Blasen und Nieren Meridian. AMM und TCM am Pferd

Lehr- und Lerntafel, ca. 24 x 34cm

ISBN: 9783903071858 6,00

Winter Christian

Holz Element. Gallen und Leber Meridian. AMM und TCM am Pferd

Lehr- und Lerntafel, ca. 24 x 34cm

ISBN: 9783903071865 6,00